犬猫科学喂养

王金全 等 著

中国农业科学技术出版社

图书在版编目（CIP）数据

犬猫科学喂养 / 王金全等著. --北京：中国农业科学
技术出版社，2022.12

ISBN 978-7-5116-6073-2

Ⅰ.①犬… Ⅱ.①王… Ⅲ.①犬—动物营养 ②猫—
动物营养 Ⅳ.①S829.25 ②S829.35

中国版本图书馆CIP数据核字（2022）第231349号

责任编辑	陶　莲
责任校对	李向荣
责任印制	姜义伟　王思文

出 版 者	中国农业科学技术出版社
	北京市中关村南大街12号　　邮编：100081
电　　话	（010）82109705（编辑室）　（010）82109702（发行部）
	（010）82109709（读者服务部）
网　　址	https://castp.caas.cn
经 销 者	各地新华书店
印 刷 者	北京建宏印刷有限公司
开　　本	148 mm×210 mm　1/32
印　　张	3.125
字　　数	75千字
版　　次	2022年12月第1版　　2022年12月第1次印刷
定　　价	38.00元

《犬猫科学喂养》
著者名单

主　　著　　王金全

副 主 著　　陶　慧　　韩　冰　　许晓曦　　王秀敏

王振龙　　李胜敏　　陈兴祥　　钟友刚

邓百川　　刘　威　　张　伟　　肖亦乐

冯艳艳　　王屹强

参著人员（按姓氏笔画排序）

吕宗浩　　朱永佩　　刘　杰　　安　尉

李　平　　李春晓　　杨振宇　　陈鲜鑫

武建文　　范秋雨　　周曼曼　　郑宝良

赵　亚　　香淑芬　　高博泉　　梁书坤

温　馨　　简仕燕　　蔡　旋　　翟广运

前　言

随着社会进步和经济发展，养宠物成为人民群众健康美好生活的重要组成部分。宠物已经成为人们心目中的家庭成员和生活伴侣，因此养宠人士会更多地去关注爱宠的营养与健康，特别是对摄入的食物是否安全、营养搭配是否合理、饲喂方式是否科学等问题。但是由于一些基础宠物营养知识没有普及，再加上缺乏对宠物食品品质的辨别能力，宠物主人在犬猫喂养过程中可能会存在一些误区。因此，作者以科学营养理论为基础，结合国家法规、标准和生活实际，将专业术语描述成浅显的科普语言，以期帮助养宠人士正确认识犬猫营养与食品的专业知识，提升科学喂养水平，共同守护爱宠健康。

本书重点阐述了犬猫营养管理、犬猫营养与肠道健康、犬猫关节健康、犬猫皮毛健康、犬猫营养与免疫、犬猫泌尿系统的健康管理、绝育去势犬猫的营养管理、肥胖症犬猫的营养管理以及犬猫常见问题解答等方面。由于作者水平有限，书中难免出现一些错误和遗漏，恳请广大读者朋友批评指正。

作　者

2022年10月

目 录

第一章

犬猫营养管理

一、新生犬猫（0～3周龄）的营养管理

通常此阶段的犬猫完全依赖母犬猫的照顾。相关研究显示断奶前犬猫的死亡率高达40%，而且绝大多数发生在新生儿期。因此，在此期间提供适当的营养支持对降低新生犬猫的死亡率至关重要。

1. 出生0～2天犬猫的营养管理

犬猫出生时，虽然从结构上看胃肠系统已经完全形成，但发育仍不成熟。在犬猫出生48小时内不适宜吃母乳以外的其他食物，如果没有母乳也应当饲喂与母乳成分相近的母乳替代品。

2. 出生3~21天犬猫的营养管理

新生犬猫的两种主要活动是进食和睡觉。在出生的最初几周，幼犬猫应该每隔4小时左右进食一次母乳，每天至少4~6次。新生幼犬猫的胃肠道特别适合消化和吸收母犬猫产生的乳汁，母乳是肠道生长和肠道黏膜细胞发育的有力刺激剂。对于幼犬猫而言，其自出生就会从母乳中获得抗体物质，从而可以提升幼犬猫的免疫力，补充免疫系统不足。但幼犬猫由于肠道系统并未发育完善，所以虽然有母乳中的免疫球蛋白，但也容易发生腹泻等相关肠道疾病问题。故提升幼犬猫的免疫力极为重要。

母乳中的免疫球蛋白可以直接被幼犬猫吸收，同时幼犬猫可以从乳汁中获取益生菌来帮助肠道菌群系统的建立。

一般情况下，母乳可以支持幼犬猫正常生长至3~4周大，不需要补充喂养商品代乳品。而一窝幼崽数较多时，可将它们分成两组，每组3~4小时进食一次，幼崽也可获得足够的营养。

3. 特殊情况下幼犬猫的营养管理

母乳喂养基本可以给新生幼犬猫提供充足的营养需要，但在一些特殊情况下，如母乳量不足、质量不佳或母犬猫拒绝照顾或喂养幼崽，就需要人工来提供护理，适当的饮食、管理和喂养可以保证新生幼犬猫正常生长。可以为幼犬猫寻找有母乳的母犬猫；另一种方式是提供代乳品，可以在幼犬猫出生最初几周用代乳品喂养它们，等它们消化代谢功能发育到可以饮入半固体食物时（通常为3周以后），就可以停喂代乳品。

4. 犬猫新生儿补充喂养

（1）牛初乳

有观点认为牛初乳可以提高免疫力，增强所有年龄段动物对各种病原体（包括细菌、病毒、寄生虫和真菌）的抵抗力。此外，牛初乳还含有生长因子和生物活性化合物，例如乳铁蛋白，在肠道中具有抗菌和抗病毒活性，同时也会影响黏膜免疫功能。目前有研究认为，牛初乳中的免疫球蛋白作为免疫活性分子，摄入后可以提高机体的免疫能力，比如对抗感染、减少腹泻；也有研究认为牛初乳中的免疫球蛋白被犬猫的消化系统吸收后，通过提供优质营养物质的方式来增强机体免疫力。

（2）多不饱和脂肪酸（PUFA）

对于刚出生幼猫来说，维持视神经系统中DHA的状态以达到最佳的视网膜功能是很重要的。幼龄猫科动物产生DHA的合成能力很低。因此，建议在可供生长和繁殖的食物中添加一定量的DHA和（或）EPA。

PUFA在犬猫新生儿生长和发育中都具有关键作用，

尤其是对视网膜以及神经组织发育来说。

（3）益生菌和益生元

益生菌和益生元可与乳腺分泌物的免疫成分相互作用，影响犬猫的免疫反应。研究发现，在妊娠期给母犬猫服用益生菌可以提高乳汁中免疫球蛋白浓度，从而让幼犬猫的肠道免疫系统得到更好的发育。

二、生长期犬猫的营养需求

生长期犬猫机体处于快速发育的时期，对营养物质的需求不断增强。如果营养物质供应不足会导致犬猫生长发育缓慢，供应过多则会使犬猫增重过快，严重影响健康。所以，选择合适的食物来满足犬猫生长期的需求就显得十分重要。

1. 蛋白质

生长期的幼犬食物中理想的蛋白质含量不应该低于25%（占能量百分比）。相比于犬，猫对蛋白质的需求更高，生长期的幼猫食物中的蛋白质含量可在34%～41%，精氨酸含量要随蛋白含量增加而增加。由于猫自身机体不能合成牛磺酸，猫粮中还需要额外添加牛磺酸。

2. 脂肪酸

生长期的幼犬食物中需要有适量的必需脂肪酸，例如食物必需脂肪酸DHA和EPA含量为0.05%〔欧盟宠物食品工业协会（FEDIAF），干物质基础〕，还要含有促进生长和发育的亚油酸；而对于猫来说，食物中脂肪的含量要比犬多，其中必需脂肪酸DHA和EPA应达到0.01%（干物质基础）。

3. 矿物质

要尤其注意犬猫食物中钙、磷含量及配比问题。幼犬需要的钙是成年犬的2~3倍，磷是成年犬的1.5~2倍（按每千克体重进行计算），成长中的幼犬如果缺钙，会出现畸形和跛行现象。在满足各种体型的犬每日食物中钙含量的同时，也要注意食物中的钙磷比是否恰当，特别要关注6个月以下的幼犬。对于生长期的犬来说钙磷比例应该维持在（1.2~1.6）：1左右。不同生长时期和不同犬种对钙和磷的需求不同，因为不同犬种之间的体型差别很大，所以对于食物中钙磷元素的需求差别也很大。在饲喂犬的时候可根据犬的品种和所处的生长时期，选择合适的方式对犬补充其所缺乏的钙和磷。但是对大型犬和巨型犬，特别是大型幼犬来说，一些代谢性骨疾病的发展往往与快速生长有关。

钙和磷不仅在犬的生长发育过程中发挥着重要的作用，在猫的生长发育过程中也同样起着关键性作用，对维持猫牙齿、骨骼以及肠道消化健康有着重要意义。

4. 维生素

肉类原料是较好的维生素A的来源，植物中不含维生素A，但是含β-胡萝卜素，犬可以将β-胡萝卜素转化为维生素A，但是猫缺乏这项功能，必须通过食物补充维生素A。

维生素A推荐量为不要超过40 000IU/100克干物质，因为猫自身不能合成维生素A，对于生长期的猫进行饲喂时，要特别注意食物中维生素A的含量。维生素E的含量取决于多不饱和脂肪酸的摄入量，在高PUFA摄入量的情况下，需要增加维生素E的添加量。

5. 喂养管理

对犬进行饲喂时，在保证食物中各种营养物质满足犬的日常需求的同时，我们要注意饲喂的方式。如果摄入的食物得不到有效吸收，也不利于犬的生长。

幼犬在断奶之后开始喂食幼犬粮，但由于幼犬的消化能力有限，每日喂食总量应分为3～4次进行。出生6个月后，幼犬体格已经近似成年犬，消化功能也基本完善，喂食次数可以减为1天2次。

由于存在品种差异，要根据各自的能量需求和营养物质需求，选择不同的喂养方式。即使是同种的犬猫由于体型的差异也会导致对各种营养物质的需求不同，饲喂方式要因个体而异。

三、成年期犬猫的饲喂营养

犬成年期根据品种类型会有所差异，但是无论是什么品种的犬，完全发育成熟都需要12 ~ 18个月，此时犬骨骼停止生长，达到真正的成年，进入成年期。

对于猫而言，我们一般将大于12月龄的猫判定为成年猫。成年期的犬猫虽然机体的各个器官已经发育成熟，但是各种营养物质的均衡摄入仍是必不可少的，这样可以防止成年犬猫疾病的发生。

1. 成年维持期犬猫食物的选择

犬猫的肠道相对较短，胃肠道分泌的消化液有利于消化和吸收食物中的营养物质。犬猫能消化吸收动物鲜肉和内脏中90% ~ 95%的蛋白质，而对植物性蛋白质消化率相对较低，一般在60% ~ 80%。犬是杂食性动物，而猫为食肉动物，因此成年猫比成年犬所需的蛋白质更多。所以，在对成年维持期的猫进行饲喂时要注意其蛋白质的摄入量。

脂肪和碳水化合物都是犬猫体内能量的来源。犬猫粮中一定的脂肪含量不仅能为犬猫提供能量，还能增加犬猫的食欲；犬比猫需要更多的碳水化合物。猫的消化器官无法消化复杂的碳水化合物，要靠蛋白质继续在体内制造葡萄糖从而维持血糖浓度，而成年维持期的犬要注意其碳水化合物的摄入量。

维生素是起调节作用的物质，对犬猫的生长繁殖、抗氧化能力、机体代谢及免疫功能等有至关重要的作用。但是犬猫体内维生素的合成量不足，因此必须通过进食摄取。

矿物质是犬猫体内一类不可或缺的元素，其含量的过多或过少都会严重影响机体的正常代谢。成年犬猫在保证摄入商品粮足量的情况下，很少出现矿物质元素缺乏的情况。

水在犬猫体内占有量约为70%，成年犬每天每千克体重约需要100毫升水，成年猫每天每千克体重约需要50毫升水。此外，犬猫对水的需要量与采食的犬猫干粮也有一定比例关系，成年犬猫需水量与干粮的比例大约为3∶1。犬猫对水的需要量，还会受品种、生理状态、食物种类及环境等因素的影响。在对犬猫进行饲养时，犬猫主人需要根据犬猫日常食物的摄入量，来估算犬猫每日所需水量，尽量满足犬猫对饮水的需求。

2. 成年维持期犬猫饲养方式的选择

犬猫一般都是以个体为单位进行饲喂，保证其摄入足够量食物的同时，也要满足其机体能量需求并维持生长。

应通过对成年犬猫进行常规的体重测定、体况评分及脂肪沉积状况（体膘）的检查，结合其身体状况、种类、性格等因素，从而对犬猫的饲养方式进行调整。对于成年犬猫来说主要有3种饲喂方式：自由采食饲喂、限制时间饲喂、限制数量饲喂。

自由采食饲喂依赖于动物自我控制食物的摄入，同时也增大了犬猫过量进食而引起肥胖的风险，但对于猫来说，自由采食更加接近其自然采食的行为。

限制时间饲喂是指在每天固定时间提供足量或过量的食物给犬猫，在一定时间（15～20分钟）内让其采食，超过时间后将食物收回。这种饲喂方式更加适用于犬，其优势在于可有效地预防犬猫发生肥胖，缺点是更容易让犬猫加剧暴食行为及需要犬猫主人花费更多的时间。

限制数量饲喂方式通常被认为是除动物哺乳期、妊娠期外最适合动物维持和生长的饲喂方式。每天为犬猫提供食物前对其热量需求进行计算，从而得出较准确的食物数量。通常每天为犬猫提供一餐或两餐即可。这种方式对于培养犬猫主人和犬猫之间的感情有正向作用，但该饲喂方法的缺点是对犬猫主人有较高的知识和时间要求。

对于犬猫来说具体采用何种饲养方式，犬猫主人可以根据检查的结果，以及犬猫的体况和自己的时间进行调整，以保证成年维持期犬猫的正常体况。

四、妊娠期及哺乳期犬猫营养管理

1. 母犬妊娠期的营养需要

母犬妊娠期的营养需要与胎儿的发育密切相关，因此其饲养管理也与胎儿发育相联系。在妊娠的前5周不需要增加母犬的食物摄入量，以防止母犬出现体重过度增加、脂肪蓄积以及可能发生的难产。在妊娠6周后，可逐渐增加母犬的食物摄入量，除了正常的饲喂外，可以额外加餐、增加饲喂次数或者更换为自由采食，以提供足够的营养来维持母犬及胎儿发育的营养需要，但仍需注意不要过度饲喂。妊娠第6周之后，母犬的食物摄入量保持在未妊娠时食物摄入量的125%～150%即可，盲目饲喂可能出现胎儿过大甚至导致难产的发生。

对于食物的选择，在配种前两周就可以更换母犬的犬粮，以确保母犬能够摄入足够的能量。建议妊娠母犬犬粮的蛋白质含量不低于32%，脂肪含量不低于20%，并且犬粮中含有ω-3及ω-6脂肪酸，以帮助母犬产生足够的必需脂肪酸（EFA），在多胎母犬中更要注意补充。此外，还要注意犬粮中二十二碳六烯酸（DHA）的添加，缺乏DHA会影响胎儿大脑状态从而影响新生犬健康状态，较有效的方法是给予妊娠期母犬DHA以促进胎儿的神经和行为发育。在妊娠期尤其要注意犬粮中矿物质和维生素含量，如铜、铁、钙、磷、镁、维生素A、维生素E、B族维生素等，必须保证母犬可以摄入足量的矿物质和维生素，抗氧化剂也是犬粮的一个重要成分，由于妊娠期间耗氧量增加且机体新陈代谢改变，母犬经历了更多的氧化应激，因此添加一定的抗氧化性营养成分，如维生素E、维生素A和镁是非常重要的。怀孕母犬食物中要含有一些碳水化合物，以降低母犬的低血糖风险和新生犬死亡率。如果犬粮中碳水化合物缺失或含量很低，母犬对蛋白质的需求就会高得多，而且可能会翻倍。

2. 母犬哺乳期的营养需要

母犬哺乳期的营养需要与哺乳周数及产仔数有关。母犬在分娩后的最佳体重应是妊娠前体重的110%～115%，在哺乳第1周，母犬的能量摄入应达到妊娠前能量摄入的150%～200%，哺乳期第2～5周，幼犬的营养需求越来越大，母犬需提供的能量也越来越多，此时母犬的能量摄入应达到妊娠前能量摄入的200%～300%，对食物的需求变得很大，哺乳期第6周至断奶时（约在第7周断奶），其能量摄入开始减少，约为妊娠前能量摄入的125%～150%。

哺乳期首先要保证母犬对蛋白质、脂肪及脂肪酸、碳水化合物的摄入，其次还要注意矿物质及水分的补充。由于母乳中几乎80%都是水，正确摄入水分对于泌乳量至关重要，因此在食物的选择上，可以混合饲喂干湿粮、罐头或羊奶粉帮助母犬补充水分。

3. 母猫妊娠期的营养需要

母猫妊娠期的营养需要与胎儿的发育密切相关，因此其饲养管理也与胎儿发育相联系。母猫在进入妊娠期后，体重开始稳步增长。为了提升母猫哺乳期能量储备，在母猫进入妊娠期后，就应当增加营养摄入，以使母猫能够通过在妊娠期间积累多余的能量储备来为哺乳期的营养需求做好准备。

猫最适合的采食方式为自由采食，在妊娠期间也最好使用该采食方式，以保证母猫能够摄入足够的能量，妊娠期间母猫的食物最大摄入量大概为妊娠前食物摄入量的125%～150%，应注意食物的新鲜程度，并及时更换，到妊娠结束时，母猫的体重约为其妊娠前体重的12%～38%。猫粮中建议含有ω-3脂肪酸、ω-6脂肪酸和必需脂肪酸（EFA），在多胎母猫中更要注意补充。还要注意猫粮中DHA的含量。此外，抗氧化剂也是一个重要成分，由于妊娠期间耗氧量增加且机体新陈代谢改变，母猫经历了更多的氧化应激，因此应添加一定的抗氧化性营养成分，如维生素E、维生素A和镁。

4. 母猫哺乳期的营养需要

母猫在哺乳期的营养需要也是随着幼猫的生长发育而

变化的。母猫的哺乳期一般为7～9周，哺乳时长取决于幼猫的大小。补饲猫粮最早可在幼猫出生后的2.5周，最晚应在哺乳的第4周，因为此时母乳的分泌量和乳中的营养成分含量已经不能满足幼猫的正常生长需要。在食物的选择上，因泌乳需要母猫要大量摄入水分，因此可以选择干湿粮搭配饲喂，饲喂罐头或羊奶粉帮助母猫补充水分，还可以选择适口性强的食物，促进母猫主动采食。

第二章

犬猫营养与肠道健康

一、肠道健康的意义

1. 肠道健康是营养消化与动物机体健康的基础

肠道被认为是犬猫的第一大免疫器官，是营养消化与犬猫机体健康的基础。肠道健康与犬猫健康息息相关。犬猫肠道主要包括小肠和大肠，小肠包括十二指肠、空肠和回肠。犬猫对食物的消化和吸收大部分（90%）发生在小肠中。大肠分为结肠、直肠和盲肠。大肠的主要作用是吸收电解质和水，并作为微生物发酵的主要场所。犬对食物的消化只有8%左右发生在大肠，但是这个数值也随着犬猫粮的变化而变化。犬猫大肠都比较短，犬的大肠为0.6米，猫的大肠为0.4米。未消化的食物在犬猫大肠的存留时间大概为12小时。

2. 菌群平衡是犬猫肠道健康的保障

犬猫肠道微生态系统由一群数量与种类都相对稳定的细菌组成，其重要功能是抑制病原微生物（有害菌/病毒）入侵和帮助消化，犬猫大小肠中的微生物种类和数量都较少，大概只有人类的千分之一。

肠道菌群维持稳定平衡状态对肠道健康至关重要。犬猫粮营养组成对肠道菌群起着最直接的作用。

二、肠道健康不可或缺的营养成分

1. 适量易消化蛋白质——减少软便与便臭

蛋白质作为犬猫最主要的营养成分之一，对犬猫的生长发育起着极为重要的作用。犬猫粮中蛋白质的含量与消化率对肠道健康影响很大。犬猫食用过高蛋白含量的食物，可能导致腹泻及肠道毒素增多，出现便臭的现象。普通商品犬猫粮的粗蛋白质平均消化率为78%～81%。如果蛋白质品质低（消化率低于70%），会造成营养不良、消瘦、生长缓慢、免疫力低等症状。

在挑选犬猫粮时应选择蛋白含量合适且易消化的犬猫粮，消化率越高，越利于保障犬猫的理想营养状态，同时减少软便、腹泻及便臭，改善犬猫的肠道健康。目前一些优质犬猫粮的消化率已能达到90%以上。

2. 脂肪——供能，改善适口性

脂肪是犬猫食品中能量最高的一类营养物质，也是最重要的能量来源。脂肪对犬猫中的能量浓度起到关键作用，能提供必需脂肪酸，合成激素，组成神经系统，构成细胞膜，是皮肤和激素正常运作的重要元素；脂肪除了作为能量的来源外，还有重要的功能是脂溶性维生素的载体，帮助吸收脂溶性维生素A、维生素D、维生素E和维生素K。

AAFCO标准中指出犬猫粮中至少要含有5%的脂肪和1%的亚油酸。

3. 膳食纤维——改善胃肠功能

碳水化合物中的膳食纤维是一类重要的营养物质。按照其溶解度，分为可溶性和不可溶性两类。一些可溶性膳食纤维到达肠道后，会通过微生物分解产生营养物质，为肠道细胞提供能量，有效改善犬猫的肠道健康。经证明，含有适度发酵的膳食纤维并能够提供足够短链脂质产生肠黏液的纤维对于犬猫来说是最好的纤维。这些纤维还可以辅助改善犬和猫的胃肠道功能，并作为稀释剂来降低饮食中的能量密度。某些食物中的发酵纤维素还可以起到益生元的作用。益生元是食品中的组成部分，通过刺激胃肠道中的某些种类细菌的增殖促进消化。另一些不可溶性膳食纤维，添加适量于犬猫粮中可以降低便臭，使粪便成形，减少软便，改善犬猫的肠道健康。

4. 益生菌、益生元和后生元——肠道生力军

（1）益生菌——肠道健康的卫士

益生菌指活的微生物，宿主摄取足够数量的益生菌对其健康有益。犬猫肠道内益生菌种类丰富，最常见的菌属包括乳杆菌属、双歧杆菌属等。这些菌属拥有各自不同的特点，且在犬猫肠道中的组成成分也有所不同。

正常生理状态下，益生菌在肠道、生长发育、物质代谢以及免疫功能上都发挥着重要的作用，是机体维持健康的必要要素。益生菌的生理功能大体上可被概括为"保护、免疫、抑菌、平衡、营养"。因而，在犬猫的喂养过程中益生菌作为一种补充剂，可用于改善肠道健康。

目前在犬猫上常用的益生菌主要是乳酸菌类（如凝结芽孢杆菌、嗜酸乳杆菌、干酪乳杆菌）。乳酸菌是目前被证明可在肠道里"落地生根"的一类益生菌，对肠道更有亲和力，能更稳定持续地发挥作用，其他一些益生菌则像是肠道中的"过客"。益生菌可以改善犬猫软便的情况，有效地维持肠道健康，提高肠道菌群中有益菌（如乳酸杆菌属和拟杆菌属）的数量，降低有害菌（如大肠杆菌等）的数量，有效缓解犬猫便秘的发生。研究表明，益生菌可

以加强肠道的"防火墙"功能，减少有害刺激，提高肠道免疫力。同时，益生菌对犬猫的一些其他肠道疾病，比如慢性肠炎等都具有明显的改善作用。

（2）益生元——益生菌的最佳搭档

益生元是肠道有益菌的食物，不能被犬猫消化吸收，却能够选择性地促进体内有益菌的代谢和增殖，增加有益菌数量，产生更多有益物质，有效改善肠道健康，减少有害菌数量，降低便臭。目前犬猫常用的益生元类包含多糖类、寡糖类等物质，包括常用于罐头中的瓜尔胶、黄原胶等。寡糖类益生元还可以有效调控肥胖犬猫的碳水化合物代谢，缓解慢性肾炎的临床症状，改善动物的健康。此外，多酚类、蛋白质水解物类以及微藻类的益生元目前都已经陆续被挖掘，益生元的摄入在犬猫营养补充、肠胃调节、免疫增强、疾病减少等方面都具有重要作用。

（3）后生元

后生元是人为灭活的微生物细胞，对宿主健康有益的无生命微生物和（或）其成分的制剂及其代谢产物。后生元主要来源于肠道菌群，少部分由可发酵的膳食纤维代谢产生，包括蛋白质、肽、有机酸和其他小分子。它们具有不同的功能特性，如用作抗菌剂、抗氧化剂和免疫调节剂。此外，它们对微生物群的内环境稳定以及代谢、免疫和神经通路等具有积极影响。

后生元产品目前大部分应用于人类，也有少部分后生元已投入到犬猫市场中，但后生元在犬猫食品领域应用的研究仍处于初期，目前已发现，饲喂犬猫不同水平的纤维结合多酚可调节其结肠后生元组成，从而改善犬的肠道健康。未来，后生元的应用将为犬猫营养的有效调控提供有力保障。

5. 生物酶——帮助消化的催化剂

没有酶消化就不可能发生，消化所需要的酶来自犬猫自身和食物摄入，即便犬猫能制造一些酶类，也需要食物中的天然酶来协助犬猫消化摄入的营养成分，要根据犬猫粮组成和犬猫自身情况来选择生物酶，正常情况下，犬猫肠道分泌的消化酶能够满足犬猫消化吸收。为帮助幼犬和幼猫更好地消化营养物质，需要额外添加消化酶，常用的酶制剂是蛋白酶和脂肪酶。给成年犬猫饲喂高蛋白犬猫粮时（超过推荐量的30%以上），为了防止营养性软便和腹泻，建议添加蛋白酶和脂肪酶来帮助消化。犬猫添加乳糖酶可以帮助缓解犬猫对乳制品的不耐受。如犬猫胃敏感，就有必要添加一些淀粉酶和（或）乳糖酶等。犬猫专用食品添加剂中常见的蛋白酶有菠萝蛋白酶、木瓜蛋白酶和胰蛋白酶。

三、品种与年龄对犬猫肠道健康的影响

1. 纯种犬猫更易发生肠道问题

相比混血犬猫，纯种犬猫更容易发生过敏、免疫力和抗病力低、肠道疾病，以及先天性生理缺陷现象。小肠细菌过度繁殖易发于比格犬、德国牧羊犬等；炎性肠病易发于德国牧羊犬、中国沙皮犬等；蛋白丢失性肠病易发于挪威猎麋犬、爱尔兰软毛梗、罗威纳犬、约克夏梗犬等；免疫增殖性肠病易发于巴仙吉犬等；便秘易发于拳师犬、曼岛无尾猫、暹罗猫、英国斗牛犬等；易感病原而发生腹泻的猫有波斯猫、苏格兰折耳猫、暹罗猫、布偶猫、俄罗斯蓝猫等。日常养护中要多注意纯种犬猫肠道健康。

2. 幼年及老年犬猫更易发生肠道问题

在生命早期，肠道微生物有助于促进机体免疫系统的发育，并在一生中对免疫功能的维持起着至关重要的作用。

幼犬最致命的肠道病毒是细小病毒，6周至6月龄最易感，幼犬死亡率高达80%，除了及时接种疫苗外，自身较好的抵抗力也是幼犬与病毒抗争必不可少的要素，猫细小病毒（3~5月龄易感）亦如此。

研究发现，随着年龄增长，尤其犬猫步入老年后，肠道微生物会发生明显变化，一些"好的细菌"，如双歧杆

菌和乳酸杆菌会减少，而一些"坏的细菌"会增加，这使得老年犬猫更易患上肠道问题。

四、犬猫常见益生菌

我们在给犬猫选择益生菌产品的时候，应注意以下4点：①选用安全的，相关法规允许用于犬猫的益生菌菌种；②优先选用对肠道更有亲和力的肠道"原住民"菌种，能更稳定持续地发挥作用；③优选活性强的菌种（如凝结芽孢杆菌），且产品有保证益生菌活性的加工工艺，从而更好地发挥其保护肠道的功效；④益生菌补充剂的添加量应在安全有效的范围内，对于日常维护肠道健康的中小型犬猫，一般推荐剂量为10亿~40亿CFU/天，大型犬和巨型犬可将剂量提高至60亿~90亿CFU/天。对于有肠道炎症或肠道菌群失衡的犬猫，可提高剂量，而有腹泻等问题的犬猫，则需要降低剂量，或按照宠物医生建议，根据犬猫的实际情况调整喂食频次及剂量。

1. 嗜酸乳杆菌

嗜酸乳杆菌（*Lactobacillus acidophilus*）是发酵乳制品中常用的乳酸菌菌种，是少数能在机体肠道内定殖的益生菌，其耐酸、耐盐和耐胆汁性强，是机体肠道重要的益生菌。

在猫的研究中发现，嗜酸乳杆菌具有调节机体肠道菌群平衡、抑制肠道不良微生物增殖和提高机体免疫力等功能。感染弯曲杆菌的猫在摄入嗜酸乳杆菌后，病原菌繁殖显著受抑制，且抗生素治疗起效更快。嗜酸乳杆菌与其他益生菌（酸乳杆菌、枯草芽孢杆菌、地衣芽孢杆菌和香肠乳酸杆菌）配合用于急性自限性腹泻犬，能缩短恢复期。

2. 干酪乳杆菌

干酪乳杆菌（*Lactobacillus casei*）是肠道菌群中的优势菌群之一，参与机体多种生理生化功能。干酪乳杆菌通常被认为可以稳定肠道微生物群，抑制病原微生物的定殖，预防或减轻由细菌和病毒引起的腹泻，纠正肠道运动紊乱，激活机体的免疫应答，预防癌症，促进食物吸收和修复肠上皮屏障等。

3. 粪肠球菌

粪肠球菌（*Enterococcus faecalis*）又称为粪链球菌，是人和动物肠道的主要菌群之一。粪肠球菌的代谢过程会产生乳酸、氨基酸和维生素等营养物质，对机体有益，还具有促进消化吸收、抑菌和缓解动物肠炎等功能，其代谢产生的细菌素对有害菌有抑制作用。一项针对动物收容所的腹泻犬猫的研究发现，在摄入粪肠球菌SF68两天后，猫的腹泻比例显著下降。目前，粪肠球菌普遍应用于犬猫食品中，如犬猫因服用抗生素或饮食变化导致的软便、腹泻等症状，在服用粪肠球菌制剂后能够得到明显改善。

4. 罗伊氏乳杆菌

罗伊氏乳杆菌（*Lactobacillus reuteri*）在人和动物的肠道中广泛分布，可在体内发挥益生功能。研究表明，分离得到的罗伊氏乳杆菌具有良好的益生特性，对细菌性肠炎以及溃疡性结肠炎有一定的治疗及预防作用，具有成为犬科动物源益生菌制剂备选菌株的潜力；口服可改善犬猫的生长性能、肠道形态和屏障功能，改善犬猫肠道菌群。

5. 发酵乳杆菌

发酵乳杆菌（*Lactobacillus fermentum*）对降低婴儿的胆固醇水平，增强免疫反应的有效性以及减少胃肠道和上呼吸道感染具有有益的作用；在动物体内有定殖的能力；具有强抗氧化能力和砷吸附能力，可作为犬猫营养补充剂。

6. 植物乳杆菌

植物乳杆菌（*Lactobacillus plantarum*）是人和动物肠道的原籍菌，其良好的益生功能被国际社会所公认。动物试验显示，植物乳杆菌可减少肝脏炎症和纤维化、改善血糖水平、缓解抑郁、降低心血管疾病风险因素。植物乳杆菌还能促进人和动物肠稳态，改善慢性腹泻。

7. 凝结芽孢杆菌

凝结芽孢杆菌（*Bacillus coagulans*）稳定性强，添加到膨化粮中，仍有较高的存活率，且在犬粮中添加一定剂量的凝结芽孢杆菌，能显著提高犬粮中营养物质的消化率，有利于提高犬对营养物质的消化利用。

8. 枯草芽孢杆菌

枯草芽孢杆菌（*Bacillus subtilis*）能改善犬的粪便质量，减少粪便氨含量，提高营养物质的消化利用率，促进犬肠道健康。

除了上述提到的这几种，犬猫食品中还允许添加地衣芽孢杆菌、两歧双歧杆菌、屎肠球菌、乳酸肠球菌、乳酸片球菌、戊糖片球菌、产朊假丝酵母、酿酒酵母、沼泽红假单胞菌、婴儿双歧杆菌、长双歧杆菌、短双歧杆菌、青春双歧杆菌、嗜热链球菌、动物双歧杆菌、迟缓芽孢杆菌、短小芽孢杆菌、纤维二糖乳杆菌、德氏乳杆菌保加利亚亚种以及黑曲霉和米曲霉这些微生物。益生菌在发酵食品上的应用颇多，例如常见的各种发酵乳制品（发酵乳、乳酸菌饮料、干酪等）；益生菌也可以用于制成益生菌制剂，比如地衣芽孢杆菌活菌制剂、双歧杆菌三联活菌制剂、双歧杆菌活菌制剂等，都是安全、可靠且富含多种有机物质的营养补充剂，添加于犬猫食品中可以更好地维持犬猫肠道的健康。还有一些添加了益生菌的犬猫粮，通过适当的工艺可以保存犬猫粮中的益生菌活性，从而发挥其提升消化率、维护肠道健康的作用。

第三章
犬猫关节健康

一、犬猫关节疾病预防

运动损伤、感染、疾病、年龄和肥胖等因素均会引发关节问题。犬关节病主要出现在膝关节、髋关节、肩关节和腰椎等部位，关节病的共同症状是疼痛和运动障碍，常表现为走动和站立减少，关节僵硬或肿胀，食欲减退以及情绪狂躁不安等。犬猫关节疾病严重损害了犬猫的健康与福利。

除去疾病和感染等因素，跑步和跳跃等常规活动也会不断磨损关节，犬猫可能会逐渐表现出关节疼痛和不适，多见于老年犬、髋关节发育不良的犬以及具有遗传性关节病的犬，如金毛犬、牧羊犬和大多数大型犬，而柯基犬、腊肠犬和京巴等由于四肢短躯干长，容易出现脊柱关节问题。一般暹罗猫和大丹犬的关节都较为僵硬，这与遗传和运动损伤有关。

关节疾病绕不开年龄因素。据统计，美国医院转诊病例中，一岁以上犬患骨关节炎的概率高达20%；在三岁以后，犬患骨关节炎的概率大幅度升高（图3-1）。

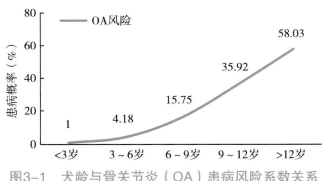

图3-1　犬龄与骨关节炎（OA）患病风险系数关系

（资料来源：Anderson等，2018）

关节健康，不能重治疗轻预防，应尽早预防，要特别关注肥胖犬猫和关节问题高发的品种。将体重维持在标准范围内，控制能量过度摄入，适量运动，日常补充对关节有益的营养元素，都能帮助犬猫维持关节健康，提高犬猫的生活质量。

二、保护关节健康的营养补充剂

目前国外已通过大量使用关节保健品来预防关节疾

病，保护关节，控制和治疗骨关节炎，协助患病关节功能的恢复。临床常见的骨关节保护剂或膳食补充剂的主要成分有硫酸软骨素、氨基葡萄糖、二甲基砜及ω-3和ω-6脂肪酸等；另外，微量元素，如锌、铜、铁、硒、锰等，也是关节骨骼、软骨和胶原蛋白的重要组成部分。

1. 氨基葡萄糖——天然安全的关节软骨修复剂

氨基葡萄糖是一种天然氨基单糖的衍生物，是生物合成软骨组织的一种重要前体，其大量表达于关节软骨、椎间盘和关节液中，因此氨基葡萄糖具有修复及治疗关节软骨组织、预防软骨组织的退化、刺激蛋白多糖合成、消炎止痛、免疫调节等多种作用。氨基葡萄糖可提升关节润滑度，防止关节过度摩擦，维持关节活动度，从而舒缓因关节炎引起的疼痛、肿胀。此外，氨基葡萄糖为天然复合物，副作用小，具有较好的安全性。因此，氨基葡萄糖作为预防及治疗关节病的辅助药物已广泛应用于人医领域。

氨基葡萄糖在治疗犬猫等宠物关节炎和缓解髋关节发育不良导致的关节软骨磨损等方面，具有非常好的应用效果。有研究报道，患病犬服用氨基葡萄糖后通常在8周内关节疼痛和运动障碍得到改善。每天给予患有骨关节炎的犬25～50毫克/千克体重的盐酸氨基葡萄糖和15～40毫克/千克体重的硫酸软骨素对其有积极作用，同时也提及试验在70天后才观察到关节症状有所缓解，因此犬猫主人在给犬猫使用相关产品时，通常需要持续使用至少3个月才能看到效果。

2. 硫酸软骨素/硫酸软骨素钠——关节的润滑油

硫酸软骨素大量存在于动物的结缔组织中，可用于预防和治疗骨关节炎、心血管疾病和眼科疾病等，长期服用毒副作用较低。

硫酸软骨素主要应用于犬骨关节疾病领域，可作为膳食补充剂用于缓解关节不适症状、保护软骨组织、预防关节炎。在关节软骨中，硫酸软骨素可吸收营养物质和水分子，用于润滑和支撑关节，使关节活动自如并形成运动缓冲作用。

此外，硫酸软骨素可以较大程度上缓解关节疼痛，改善关节功能，并稳定关节间隙，减少摩擦损伤。

3. 二甲基砜——关节炎的抗炎止痛剂

二甲基砜是一种含硫化合物，是合成胶原蛋白的重要原料，有利于关节健康，还具有抗炎、抗氧化、维持健康以及预防疾病等功效，广泛应用于保健食品中，对治疗胃肠疾病、促进皮毛修复等有很好的辅助效果。

二甲基砜对关节炎疼痛有缓解作用，并能避免镇痛药带来的胃胀和头痛的副作用。研究发现，连续3天给予犬500毫克/千克体重的10%二甲亚砜会出现不良反应，应避免过量补充，通常二甲基砜在犬上的推荐使用量为10～20毫克/千克体重，猫的推荐使用量为90毫克/千克体重。另外，一项针对人膝骨关节炎的研究发现，二甲基砜与氨基葡萄糖、硫酸软骨素联合使用，治疗效果比仅使用氨基葡萄糖和硫酸软骨素更加显著。因此，在关节保健中可优先考虑联合使用二甲基砜、氨基葡萄糖和硫酸软骨素。

4. 维生素——抗氧化剂和炎症抑制剂

（1）维生素C

维生素C参与骨胶原合成和关节软骨代谢，能有效防止骨损伤、软骨丢失和骨关节炎发展。维生素C在关节液中是一种有效的抗氧化剂，摄入不足会影响胶原蛋白形成和减缓关节愈合，摄入充足能有效减少关节炎症的发生。研究发现，维生素C能增强氨基葡萄糖和硫酸软骨素的作用，将盐酸氨基葡萄糖、硫酸软骨素和以抗坏血酸锰形式存在的维生素C用于患有骨关节炎的人，发现其能有效减缓患者骨关节炎症和关节疼痛。

（2）维生素E

维生素E是一种重要的抗氧化剂，有助于减少氧化应激对关节软骨的损伤，另外维生素E还具有抗炎特性，在治疗骨关节炎中发挥重要作用。与维生素C一样，维生素E与其他对关节有利成分联合使用时效果最佳。在对患类风湿性关节炎动物的研究中发现，与ω-3脂肪酸配合使用时，能有效减少促炎性细胞因子和脂质介质，从而缓解类风湿关节炎的严重程度。

5. 矿物质元素

锌能够刺激骨骼形成，抑制骨吸收，对增加骨量有重要作用；铜和铁能够辅助骨关节中胶原蛋白的形成；硒有助于改善关节长期健康，预防髋关节发育不良；锰可以辅助软骨基础物质的形成。这些微量元素，对于关节健康也是至关重要的。

对犬猫关节的养护，首先要考虑营养支持，适当的营养是预防护理的关键措施，摄入高质量且有利于关节健康的食品尤为重要，且要避免过度喂养导致肥胖，否则最终也会导致犬猫出现关节问题；其次是保持适度锻炼，适量运动有助于犬猫控制体重和增加血液循环，为关节运送更多营养物质。

第四章

犬猫皮毛健康

一、犬猫皮毛健康的意义

犬猫皮肤由表皮、真皮及皮下组织组成。皮肤是犬猫机体最大的器官，形成机体与环境之间的生理屏障，也是构成机体免疫系统的第一道防线，提供物理、化学和微生物侵害的保护。不仅能帮助阻挡病原体侵入身体，其分泌物（乳酸、脂肪酸、酶等）还具有杀菌作用。

犬猫的皮毛健康不仅影响犬猫的整体外观，而且也能反映犬猫健康状况和犬猫粮的品质。有光泽的皮毛是健康的信号，相反，皮毛干燥、剥落或蓬乱的犬猫可能患有内脏器官、营养失调等疾病或者吃了劣质的犬猫粮。犬猫常见的皮肤癣、黑下巴、脓皮症、马尾症（油尾巴）

等，除受环境中病原体和自身激素水平影响外，也与皮肤抵抗力下降有关，在改善犬猫居住环境的同时，补充特定的营养成分可以加强皮肤抵抗力，是预防皮肤问题的关键一环。

二、维持犬猫皮毛健康的营养物质

犬猫皮毛健康绝不是靠一种营养物质支撑的，蛋白质、脂肪、维生素和微量元素缺一不可。犬猫主人应选择营养均衡、配比科学、易消化吸收的犬猫粮或营养补充剂来喂养犬猫，维持犬猫皮肤健康、毛发靓丽有光泽。

1. 蛋白质和氨基酸——皮毛健康必要营养

蛋白质具有为犬猫提供能量、增强抵抗力和提供必需氨基酸等重要生理功能。蛋白质缺乏会导致皮肤粗糙、受损，毛发变细、易折断，毛色无光泽，严重时会导致犬猫生长发育缓慢，甚至生长暂停。

牛磺酸对猫的视力、细胞活性的增强及皮肤免疫力的提高均有重要作用，但是猫自身无法合成牛磺酸，需要通过猫粮补充。

犬猫所需蛋白质和氨基酸通常由犬猫粮提供，不同的肉类原料均富含蛋白质。蛋白质总含量充足、氨基酸组成均衡、蛋白消化率高，是优质犬猫粮的关键。

2. 脂类和脂肪酸——皮毛保湿、修复的关键

犬猫粮中的脂肪不仅能提供充足的能量，还能提供必需脂肪酸。必需脂肪酸具有维持犬猫皮肤正常结构与功能的作用，缺乏必需脂肪酸会导致皮肤屏障受损，出现皮屑增多、伤口愈合力下降以及皮肤缺水干燥等症状。

大多数必需脂肪酸是ω-3和ω-6脂肪酸。ω-3脂肪酸主要来源于鱼类、海藻油和亚麻籽等，主要包括DHA和EPA，有助于保护皮肤、保持皮毛光泽及对抗炎症。ω-6脂肪酸来源于陆地动物和植物种子，缺乏ω-6脂肪酸会导致皮肤出现红斑、干燥等情况。有些犬猫粮中ω-6∶ω-3比例高达20∶1，会导致犬猫健康出现问题，对犬猫来说，ω-6∶ω-3推荐比例为（5~3）∶1。可给犬猫补充鱼油或选择含有鱼油的犬猫粮，促进皮毛健康生长。

卵磷脂是组成皮肤的一种脂类，与表皮损伤修复关系密切，能维持皮肤稳态。在犬猫粮中加入卵磷脂，有皮肤保湿、美毛等作用。

3. 维生素——减少掉毛，亮丽毛发

维生素A缺乏会使犬猫出现皮毛生长不良、表皮毛囊角化过度（鸡皮肤）、皮肤粗糙、掉毛、结痂等症状。适当摄入维生素A能维持犬猫皮毛及身体的健康状态。

维生素E是一种天然抗氧化剂，能够保护犬猫皮肤免

疫系统，并且参与犬猫繁殖与皮毛发育过程。犬猫粮中缺乏维生素E会导致皮肤粗糙及毛色加深、脱毛、湿性皮炎，甚至发生皮下出血等症状，严重影响皮毛质量。

核黄素（维生素B_2）、烟酰胺（维生素B_3）、维生素B_6、维生素B_7等B族维生素缺乏时，均会影响犬猫皮毛健康，可能诱发皮肤疾病或导致毛发脱落。

4. 微量元素——远离炎症，健康生长

与皮肤健康相关的微量元素有锌、铁、铜、碘、硫，犬猫体内如长期缺乏，不利于犬猫健康生长及维持良好皮毛状况，但摄入过量会导致犬猫中毒，因此在犬猫食品搭配上需要做到科学、合理。

（1）锌

犬猫缺锌会导致脱毛、皮肤发炎，甚至脱皮、局部红斑、结痂等。犬猫粮中锌不足会导致犬猫缺锌问题的产生。建议犬猫粮中添加ω-3脂肪酸、亚油酸和锌的组合，可以提高皮毛光泽，减少皮肤干燥和皮屑问题。

（2）铁

铁元素参与许多酶反应，与能量代谢和造血功能相关，缺铁会导致犬猫缺铁性贫血，表现为皮肤、眼睑、口唇、齿龈、内耳郭苍白，被毛粗糙，严重缺乏时会导致死亡。成年犬猫很少发生缺铁问题，犬猫主人应更多关注幼犬猫体内铁含量，选用幼年期适用的犬猫粮，或使用含铁

的营养补充剂。

（3）铜

铜可促进被毛黑色素的生成及沉积。铜缺乏会使胶原蛋白、弹性蛋白合成变差，导致犬猫被毛粗糙，影响皮毛的健康状况。

（4）碘

碘缺乏时，犬猫表现为皮肤干燥、被毛脆、易脱毛等症状。但碘过量对犬猫的毒性主要表现为甲状腺形态及功能发生改变，因此要适量补碘。

（5）硫

硫的缺乏会导致犬猫消瘦，爪子和毛皮发育受阻，影响健康状况。含肉量丰富的犬猫食品，可为犬猫提供足够的硫，保证皮毛健康。

第五章
犬猫营养与免疫

一、免疫力是犬猫健康的"护城河"

免疫力是犬猫的自我保护能力，是健康的"护城河"。犬猫在免疫力下降时，病原微生物就会乘虚而入，导致机体发病。研究显示，免疫力与多种犬猫疾病的发生密切相关，免疫力低下的猫易感染猫癣、猫鼻支气管炎、猫传染性腹膜炎等，严重时可导致死亡。除此之外，提高免疫力还能为身体带来更多正向影响，如减少腹泻、便秘，疾病恢复和伤口愈合加快，身体代谢能力增强，更易保持理想体型，精神状态更佳，皮毛更蓬松柔软有光泽。

纯种犬猫更易患上某些疾病，如常见的呼吸道疾病和腹泻，在日常喂养中更应该注重提升其免疫力。临床上因感染而易发生腹泻的猫品种有波斯猫、苏格兰折耳猫、暹罗猫、布偶猫、俄罗斯蓝猫等。

二、营养物质对犬猫机体免疫的影响

人类医学和动物医学研究中早已明确营养不良会导致免疫功能低下，因此在日常饮食中补充某些营养物质能够有效提高免疫系统的效率。为犬猫选择更高质量、更有营养的食物，可以帮助增强犬猫的免疫系统、提高机体抗病能力和整体健康水平。

1. 抗氧化物质——抑制氧化应激损伤

机体细胞代谢过程中产生大量自由基，自由基积累到一定程度，便会发生氧化应激，氧化应激是诸多疾病发生的前奏，抗氧化剂能有效处理自由基并对抗氧化应激，提高机体免疫力，维护机体健康。

常见的抗氧化剂有维生素C、维生素E和β胡萝卜素等，可以防止自由基的积累以及抵御自由基对健康细胞的潜在破坏。

微量元素只占犬猫食品的很小一部分，但在机体每个系统中都起着重要作用。锌和铜有利于维持皮毛的理想状态以及机体的免疫健康。硒是主要的抗氧化剂，补充硒元素能使血液中免疫球蛋白水平增高或维持正常水平。锰可以促进参与免疫反应的细胞数量的增加。

辅酶Q10是一种强大的抗氧化剂，可以保护细胞免受自由基氧化损伤，保持心肺肝肾最佳健康状态，起到延缓衰老、增强耐力和改善身体整体健康状况的作用。另外，辅酶Q10在免疫反应中发挥重要作用，通过抑制炎症基因表达而表现出抗炎作用，增强免疫系统对疾病的抵抗力。一般会建议患有心脏病的犬猫，如查理士王猎犬、斗牛犬、拳师犬、缅因猫等补充辅酶Q10。

植物源性的抗氧化剂，如黄酮类能保护机体免受自由基损伤，并支持和调节细胞因子进行免疫反应。研究发现，黄酮类化合物在免疫系统抵抗呼吸道感染方面起重要作用，摄入富含黄酮类食物的人更易避免患上呼吸道疾病。富含黄酮类的植物有蔓越莓、草莓、黑莓、覆盆子、香蕉、苹果、梨、西红柿、菠菜、百里香等。

2. 脂肪酸——调节免疫应答，抑制炎症损伤

脂肪酸也是维持免疫系统正常功能的重要营养物质，体内的脂肪酸是启动免疫系统的关键物质，脂肪酸可以帮助免疫细胞迅速扩增，从而提高免疫力。如果机体持续处于低水平炎症状态，会导致很多慢性疾病，如关节炎、癌症和糖尿病等难以痊愈。ω-3和ω-6脂肪酸是机体的必需脂肪酸，可减少体内炎症的发生，从而抑制炎症对机体的伤

害。食物中ω-6∶ω-3比例得当时能够起到抗炎作用，且不影响具有积极作用的"促炎"免疫反应，需要注意的是，如果过量摄入富含ω-3脂肪酸的食物，导致ω-6∶ω-3比例太低，可能出现抑制免疫反应的情况。

3. 蛋白质与氨基酸——维持正常免疫功能的基础

（1）蛋白质

蛋白质是机体细胞、组织和器官的重要组成成分，是一切生命的表现形式。蛋白质能够维持机体功能和免疫力，如果体内蛋白质不足时，机体免疫力便会下降，致病微生物就会乘虚而入。抵抗致病微生物的抗体来源就是蛋白质，因此食物中蛋白质比例合适是维持免疫力的基础。

有一种特殊的蛋白质——免疫球蛋白，能够抵抗致病微生物入侵，抗击感染。幼犬猫出生后会从母乳中获得抗体物质，如免疫球蛋白和其他营养元素等，从而可以提升幼犬猫的免疫力，补充免疫系统的不足。犬猫初乳中就含有大量的免疫球蛋白，可增强幼犬猫的免疫力，并增加肠道微生物群的多样性和稳定性，降低过敏风险，保护犬猫的健康成长。

（2）氨基酸

蛋白质摄入对免疫功能至关重要，而特定氨基酸如谷氨酰胺、谷氨酸和精氨酸等含量充足，对优化肠道和肠道相关淋巴组织中的特定免疫细胞的免疫功能有重要作用。

有的宠物对营养物质有一些特殊要求。比如对于猫而言，牛磺酸除了能保护猫视网膜和心肌健康，还能保证猫免疫力机能正常。猫粮中谷物过多或蛋白质含量较低会造成牛磺酸的缺乏，间接影响猫的免疫机能。所以，对于不同动物，要注重特定关键营养物质的补充。研究表明，当猫被喂食热处理的罐头食品时，牛磺酸生物利用度较低。为了保持足够的牛磺酸状态，热加工的湿猫粮中含有的牛磺酸大约是挤压膨化食品的2~2.5倍，罐头类食品应含有0.1%的牛磺酸（占干物质比例）。

4. 益生菌、益生元和后生元——改善犬猫免疫力

由于犬猫的大部分免疫系统与肠道有关，犬猫肠道健康与免疫功能健全密不可分。

益生菌是促进消化道健康并帮助分解和消化食物的"好"细菌，益生元是益生菌的食物，支持益生菌生长，同时帮助免疫系统控制有害细菌。当把益生元喂给益生菌，益生菌代谢产生的有益生物活性物质，就是后生元，能有效促进犬猫机体健康。

很多研究表明，益生菌和益生元（如寡糖类、部分纤维素类）具有明显改善犬猫肠道健康的功效，从而达到提高犬猫免疫力的作用。所以，适当地补充益生菌和益生元，可以改善犬猫的免疫力和毛发健康，有效缓解肠道相关的临床症状。犬猫主人可选择犬猫专用的益生菌补充剂

或标有益生菌含量保证值的益生菌犬猫食品进行补充，且最好选择经过临床喂养验证的产品，质量和功效会有保障。

后生元可以通过为机体提供抗氧化支持、协助消化吸收和平衡肠道中的微生物，来维持肠道免疫机能，进而强化机体免疫健康。

5. 多糖类免疫增强剂

研究发现，多糖可以通过多种方式影响机体细胞物质代谢和增强机体免疫应答，如激活免疫细胞（T细胞、B细胞、巨噬细胞和自然杀伤细胞）、激活补体、促进细胞因子产生等，从而调节免疫系统功能。研究证实，黄芪多糖能够通过增强犬的肠道免疫来提高其免疫机能，可作为广泛的免疫增强剂使用。除了黄芪多糖，还有枸杞多糖、海藻多糖、香菇多糖等植物类、藻类和真菌类多糖，都具有明显的免疫调节功能。

第六章
犬猫泌尿系统的健康管理

一、犬猫泌尿系统生理

犬猫泌尿系统由肾脏、输尿管、膀胱和尿道构成。肾脏是犬猫泌尿系统的重要组成部分，由被膜和肾实质构成。肾脏可产生尿液、排泄代谢产物以及维持水、电解质、酸碱平衡，同时还具有调节内分泌功能；输尿管则负责把肾脏过滤后的尿液输送到膀胱中储存，达到一定量后由尿道排出体外。

二、维持犬猫肾脏健康的营养管理

1. 选择优质、易消化的蛋白质

蛋白质是犬猫机体的重要组成成分。犬猫对蛋白质的

总量、来源及其含有的氨基酸种类和数量有要求。优质的蛋白质应含有多种必需氨基酸且易消化，动物蛋白优于植物蛋白，但为了避免单一类型蛋白质的营养局限，动物蛋白和植物蛋白组合是比较可取的营养搭配。

AAFCO推荐成年犬每日适宜的蛋白质需求量为4.5克/100千卡，妊娠犬、哺乳期犬和幼犬每日适宜的蛋白质需求量为5.63克/100千卡；成年猫每日蛋白质需求量为6.5克/100千卡，妊娠猫、哺乳期猫和幼猫每日适宜的蛋白质需求量为7.5克/100千卡。

肾脏是排泄蛋白质代谢产物的关键器官，对于肾脏功能不佳的犬猫来说，摄入过多的蛋白质会加重患病犬猫肾脏负担。这时应给犬猫饲喂适量易消化和肠道吸收率高的优质蛋白质。

2. 保证充足的脂肪摄入量

犬猫粮中的脂肪是犬猫重要的能量来源，同时也可以提高适口性。富含多不饱和脂肪酸的食物，其中的ω-3脂肪酸（如某些海洋鱼油、亚麻油），有助于加强肾脏的血流动力和炎症控制。研究证明ω-6∶ω-3在（5～15）∶1范围内可能对肾脏最好。

3. 合理补充钙、磷

食物中钙、磷不足或比例失调，容易引起犬猫肾脏疾病。犬粮中的理想钙磷比在（1.2～1.4）∶1范围内吸收率较高，而猫粮中钙磷比一般是（0.9～1.5）∶1。日常喂食需要衡量食物中的钙磷比，如大量饲喂动物肝脏，会引起钙磷失调；生、熟肉中均含钙较少，且钙磷比为1∶2，所以用去骨骼的鱼或肉饲喂犬猫时容易发生钙缺乏。维生素D摄取不足或长期阳光照射不足，也影响钙的吸收。生长发育期的幼龄犬猫，以及妊娠和哺乳犬猫对钙需要量大，需要适量补充钙。

4.膳食纤维有助于肾脏健康

尿素是加剧患慢性肾病犬猫临床症状的主要原因，而膳食纤维可降低血液中尿素的浓度，在犬猫粮中加入膳食纤维，不仅有益于改善犬猫腹泻或软便的情况，也有益于维持犬猫的肾脏健康。

三、老年犬猫肾脏健康的营养管理

当食物中蛋白质不足时，机体会最先消耗骨骼肌中的蛋白质。犬蛋白质需要量为2.55克/千克体重，猫蛋白质需要量为5克/千克体重，而健康的老年犬猫可能需要比这高出25%～50%。随着年龄增长，当犬猫肾脏功能开始衰退，此时需要通过营养管理来降低肾脏疾病发生的风险。可以通过限制饮食中的磷和钠含量，提供中低水平可消化蛋白质来减轻肾脏负担，同时提高必需脂肪酸（如ω-3、ω-6脂肪酸）和膳食纤维的摄入量。另外，可发酵的纤维有利于犬猫肠道中微生物使用血液中的氮废物，使氮排泄从肾脏转向肠道，从而减轻肾脏负担。

四、下泌尿道的健康管理

下泌尿道也是泌尿系统的重要组成部分，包括膀胱、尿道等生理结构。下泌尿道感染也是犬猫的高发疾病，以犬为例，细菌性尿路感染是犬最常见的泌尿系统疾病，14%的犬都患过细菌性尿路感染。严重的尿路感染会导致尿石症、前列腺炎、败血症和肾盂肾炎，最终导致肾衰竭。为预防下泌尿道感染，日常应做好护理。

1. 有益于下泌尿道健康的植物功能性成分

一些植物中的功能性成分对维持泌尿系统健康有重要作用，目前已有不少人类及犬上的效果验证，蔓越莓提取物可以防止细菌黏附在尿路壁的细胞上，能降低细菌感染风险，对抗尿路感染，有助于促进泌尿道健康；柳兰含有一种多酚，能有效抑制前列腺细胞增殖的酶，从而缓解前列腺炎；熊果中含有熊果苷，肠道微生物可将熊果苷转化为氢醌，氢醌在尿液中有强大的抗菌作用，可对抗引起膀胱炎的一些病原体；南瓜籽油，对尿路中菌种具有抗菌作用，还能抑制膀胱过度活跃频繁排尿，但又有增加尿量从而利尿的作用；而苜蓿草的成分能起到碱化尿液的作用，对由于尿液过酸引起尿液结晶刺激膀胱的犬猫有缓解尿路不适的作用；另外，荨麻含有类黄酮、花青素和皂苷等，对泌尿系统有抗菌、镇痛、消炎等功效。

2. D-甘露糖

D-甘露糖能黏附大肠杆菌和葡萄球菌等引起尿路感染的致病菌，效果可比抗生素且副作用远小于抗生素，有助于治疗尿路感染，降低泌尿系统疾病发生及复发风险。

D-甘露醇广泛存在于蔬果中，如西瓜、柿子、橄榄、蘑菇、花椰菜、芹菜、豌豆、南瓜和红薯等，一些藻类和真菌中也很丰富。

第七章

绝育去势犬猫的营养管理

一、绝育或去势对犬猫的影响

犬猫的绝育指母犬猫的卵巢切除术（不摘除子宫、子宫颈），或卵巢子宫切除术（摘除卵巢和子宫直至子宫颈）；去势指公犬猫的睾丸摘除术。实施这一手术，主要是为了控制群体数量，减少与激素波动有关的不良行为（坐立不安、易怒具有攻击性、领土行为），改善犬猫生命质量。

1. 生理影响

（1）体重变化

研究发现，犬猫绝育或去势后易发生超重（超过标准体重10%～19%）甚至肥胖（超过标准体重20%以上），特别是母犬猫。研究发现，12对同窝雌性幼猫（11周龄）随机分组，不绝育或19周龄绝育，到52周龄时，绝育幼猫比不绝育幼猫体重增加了24%。

（2）采食量变化

研究发现，绝育后第3天，绝育猫的采食量显著高于非绝育猫，绝育后第4周采食量增加30%，第7周采食量达到峰值，比正常猫多摄入78%。采食量增加也是导致绝育犬体重上升的原因之一。

（3）体况变化

宠物的营养状况一般可以通过体况评分（Body condition score，BCS）来判断。在世界小动物兽医协会（WSAVA）的BCS体系中，犬猫的体况，特别消瘦为1分，标准体况为5分，超胖为9分。研究发现，两组幼猫分别在11周龄、18周龄、30周龄和52周龄时检测体脂，非绝育组幼猫自18周龄后体脂基本没有变化，而绝育组幼猫体脂则逐渐增加，在52周龄时体况评分比非绝育组高16%；绝育组幼猫的肌肉率在30～52周龄时显著下降，而非绝育组无明显变化。

2. 健康影响

（1）健康益处

绝育或去势能有效提高犬猫生命质量，如减少母犬猫分娩风险、可能降低乳腺肿瘤发病率和杜绝子宫蓄脓发生，降低公犬猫非癌性前列腺疾病风险以及杜绝睾丸癌风险。

（2）健康风险

除肥胖、尿失禁、免疫紊乱外，癌症可能是大众更为敏感的话题，对于某些品种犬来说，绝育或去势会增加患关节疾病和某些癌症的风险。关节疾病包括髋关节发育不良、十字韧带撕裂或断裂以及肘关节发育不良。癌症包括淋巴瘤、淋巴肉瘤、肥大细胞瘤、血管肉瘤、骨肉瘤和泌尿道肿瘤等。绝育母犬发生尿路感染风险更高，绝育是腊肠犬椎间盘突出的一个危险因素。去势公猫腺癌发病率明显高于未去势公猫，但是绝育母猫与未绝育母猫间没有显著差异。而母猫患纤维肉瘤的概率明显高于公猫，其中绝育母猫患病率更高。母猫发生淋巴瘤的概率明显低于公猫，绝育和去势猫发生淋巴瘤的概率明显高于完整的猫。无论公猫还是母猫，绝育或去势猫发生鳞状细胞癌的概率显著高于完整的猫，但母猫和公猫之间没有显著差异。

二、犬猫绝育去势前后差别

雌激素与雄激素除了在生殖系统起作用外，还具有调节体液免疫和细胞免疫的功能，因此激素含量和功能失调会导致机体出现自身免疫性疾病。绝育或去势会使犬猫的骨生长板闭合延迟，导致已绝育或去势的犬猫长骨较长，影响后膝关节稳定性，十字韧带压力增加。雌激素水平还会影响骨密度，绝育后，雌激素对破骨细胞的抑制作用减弱，因骨小梁丢失引起骨质疏松，增加骨折风险，另外雌激素还能起到抑制食欲等作用。雄激素可以影响脂肪在体内的分布，抑制脂肪聚集，维持骨质量和肌肉体积。去势会导致雄性犬猫的自主活动量下降，整体能量消耗减少，机体脂类代谢和蛋白质合成能力下降，甘油三酯含量升高。

犬猫的每日能量需求取决于其身体每日的消耗能，所谓肥胖，从能量层面理解就是摄入能量多，消耗能量少。犬猫绝育或去势后代谢的改变，导致维持能量需要量比术前下降较多。

三、关注绝育去势犬猫的营养状况

对于已绝育或去势的犬猫，我们应改变可以改变的，如犬猫粮种类、饲喂方式、运动方式等，预警不可改变的，并接受必须承担的风险。

1. 预防肥胖

众所周知，肥胖会引发一系列健康问题，如心脏和呼吸系统问题、关节疾病、糖尿病、免疫力降低、高血脂及肝肾功能损伤等。为防止后续肥胖的发生，健康的绝育或去势犬猫应当调整饮食结构和加强合理运动，并做好定期体重及体况的监测。

（1）控制能量摄入

降低能量摄入是预防犬猫肥胖的主要措施。但是为降低每日能量摄入单纯减少原主粮（绝育前使用的主粮）的克重是不可取的，通常犬猫主粮是根据产品的能量值与犬猫的预估摄入量来进行各种营养物质配比平衡的，摄入克重的减少可能造成犬猫对某些营养物质的摄取不足，引发营养失衡。因此，建议替换为绝育或去势犬猫专用粮，或其他优质的低能量犬猫主粮。绝育或去势后犬猫的能量摄入通常建议比手术前降低15%～30%，即使是同一窝犬猫也会存在个体差异。此外，也有研究表明成年后绝育的猫（绝育年龄为18～24月龄），静息代谢能虽然降低，但是与非绝育猫差别不大，而早于7个月绝育的猫静息代谢能显著低于非绝育猫。

（2）降低脂肪含量

同等重量的脂肪提供的热能是蛋白质或碳水化合物的2.25倍，此外，脂肪的食物热效应（指由于进食而引起能量消耗增加的现象）仅占其热能的4%～5%，碳水化合物为5%～6%，蛋白质则高达30%～40%。因此，应限制犬猫粮中的脂肪含量，但应同时保证不饱和脂肪酸的充足。我国2018年出台的《宠物饲料管理办法》中规定，犬粮中水分含量低于20%且脂肪含量不高于9%，水分含量在20%～65%且脂肪含量不高于7%，水分含量大于65%且脂肪含量不高于4%时，可称为"低脂肪"犬粮；猫粮中水分含量低于20%且脂肪含量不高于10%，水分含量在20%～65%且脂肪含量不高于8%，水分含量大于65%且脂肪含量不高于5%时，可称为"低脂肪"猫粮，可根据这一数值为犬猫选择"低脂肪"犬猫粮。

（3）关注碳水化合物种类和占比

碳水化合物是机体必不可少的三大营养物质之一，对于易肥胖犬猫来说，碳水化合物也有优劣之分。劣质碳水化合物就是一些血糖生成指数较高的食物，容易将机体无法利用的过量葡萄糖转化为脂肪存储在体内，这一类碳水化合物也是导致犬猫肥胖的因素之一；而纤维素则是优质碳水化合物，能积极影响犬猫的营养代谢。

存在于燕麦中的β-葡聚糖属于可溶性膳食纤维，每千克食物添加10克燕麦β-葡聚糖提取物作为犬的膳食补充剂，能有效降低血液中总胆固醇、低密度脂蛋白胆固醇和极低密度脂蛋白胆固醇的浓度。与高蛋白中等水平纤维犬粮相比，高蛋白高纤维犬粮可以提高犬的饱腹感，限制体重增加和减缓脂肪沉积，并降低血清胆固醇、甘油三酯和瘦素浓度。也可喂给肥胖猫高蛋白高纤维的食物。

（4）其他功能性营养物质

L-肉毒碱是一种促使脂肪转化为能量的类氨基酸。每克主粮中分别添加50微克、100微克和150微克的L-肉毒碱，分别喂给3组肥胖猫，限量饲喂42天后，与对照组相比三组肥胖猫静息代谢能显著提高，150微克组脂肪酸氧化显著增加，L-肉毒碱对超重犬猫快速减肥和促进脂肪酸氧化代谢有积极作用。

胆碱是一种必需营养素，与动物肝脏中脂类代谢有关。每日额外提供给去势小公猫300毫克/千克体重$^{0.75}$的胆碱，持续12周，结果发现补充胆碱可以降低体脂含量，有助于缓解绝育或去势后小公猫的肥胖倾向。

2. 骨骼和关节健康

关节的健康主要取决于生长期和成年后的适当体重及营养和能量平衡的饮食。绝育或去势引起的激素改变也会加重骨质疏松风险，而肥胖会加重骨骼负荷，进而发生软骨损伤、关节炎等。

运动一直被认为是人类健康管理的有效干预手段。一项间歇式运动对犬血清生化及骨密度影响的研究发现，比格犬每周在跑步机上完成2次间歇式运动训练，运动前首先以2~3千米/小时速度步行5分钟热身，然后通过改变跑步机的等级和速度，运动强度逐渐增加，12周后比格犬股骨密度增加12.6%，脊椎骨密度增加8.8%。同时，血清学分析结果也表明间歇运动方案可促进和维持犬心血管健康。

第八章
肥胖症犬猫的营养管理

　　宠物肥胖症通常是指因营养过剩或者缺乏运动而引起的宠物体内沉积有多余脂肪的综合征。肥胖症正成为一个全球性日益严重的问题，成为宠物健康的一大杀手。据不完全统计，现在越来越多的宠物犬猫出现了肥胖问题，从欧美发达国家到日韩，再到中国，宠物犬猫肥胖问题引起了人们的广泛关注。肥胖导致犬猫体型臃肿，缺乏美观，还在一定程度上严重影响了犬猫的健康，间接缩短了犬猫的寿命，对动物福利提出了挑战。因此，本章分析了犬猫肥胖的原因以及对犬猫所造成的危害，并提出了科学的饲养管理策略，以期为犬猫主人饲养犬猫提供参考与借鉴。在科学饲养方面，需要着重防范，以避免或者减少犬猫肥胖症的发生。

一、犬猫肥胖的现状和危害

1. 国内外犬猫群体状况

根据美国宠物肥胖预防协会（APOP）2019年的报告显示约60％的猫和56％的犬超重或肥胖，超重和肥胖比例呈递增趋势。

2019年我国一份数据报告显示，当年的宠物健康问题中，受肥胖困扰的犬达到20％，猫占23.4％。虽然超重或肥胖状况好于国外，但是1/5的占比，已足够引起犬猫主人及宠物医生的重视。

2. 肥胖的危害

过重的体重会增加关节负荷使犬猫易患骨骼和关节疾病，也使得心、肺等器官负担加重，增加心脏病的发病风险。此外根据体重计算的用药量也会增加，更易出现药物不良反应，尤其是麻醉时风险更大。过多的脂肪也会增加手术难度。同时肥胖与糖尿病、肾脏疾病、皮肤疾病有关，增加患内分泌疾病的风险。

二、犬猫肥胖产生的原因

1. 营养因素

吃得太好。现在的犬猫已经不需要为食物发愁，可以说是不愁吃不愁喝，过着"饭来张口，衣来伸手"的生活。多数犬猫主人像养孩子一样精心养护自己的犬猫，在这种心态的驱使之下，犬猫主人竭尽所能，想方设法给犬猫提供各种美食，食物中的营养成分远远超过了犬猫身体的需求，造成了营养过剩，进而转化为脂肪储存在体内，造成了肥胖。

吃得太多。很多犬猫主人在饲喂犬猫时是不限制其饮食的，食盘一直处于有食物状态，这种不正确的饲喂方式使犬猫食入了太多的食物，超出了身体的需要。

吃得随意。有些家庭养犬猫是人吃什么就给犬猫吃什么，但是人食物的盐分、糖分或香料都比较多，犬猫难以吸收，代谢困难，内分泌失调。或者有的人看自家犬猫喜欢吃肉和零食，就只常喂肉和零食，造成犬猫饮食结构不合理，吸收单一营养物质，身体脂肪堆积，形成肥胖症。

2. 遗传与品种

与人类一样，犬猫的肥胖也是可以遗传的。一些宠物犬品种，如常见品种拉布拉多犬、金毛寻回犬、腊肠犬、罗威纳犬、比格犬、可卡犬等都较容易发胖，而杜宾犬、德国牧羊犬等肥胖风险系数较低。混血猫比纯种猫、短毛猫比长毛猫更容易罹患肥胖症。

3. 年龄

犬猫肥胖症的发生率与年龄存在相关性。7～11岁是犬猫肥胖症的高发阶段，12岁以下的犬肥胖症发病率一直呈上升趋势，12岁以后开始下降。这可能是因为老龄阶段的犬猫食欲急剧下降、慢性疾病出现概率增高，这些因素间接造成了犬猫采食量减少，进而出现了体重下降的现象。

4. 性别与绝育

绝育的作用是防止犬猫发情时的行为影响犬猫主人及邻里，同时也在一定程度上解决了犬猫发情无法配种的焦躁心情，本身对人对犬猫都是有帮助的。未绝育时，母犬比公犬更容易肥胖，公猫比母猫更容易肥胖；绝育后，犬猫肥胖概率都有所提高，这可能是因为绝育对犬猫的身体会有一定影响，绝育之后犬猫体内激素会有所变化，而且做了绝育之后的犬猫睡眠时间增加，没有以前那么好动，体重也逐渐增加，形成肥胖。

5. 内分泌失调

一些内分泌失调的疾病也会让犬猫发生肥胖，如甲状腺机能减退、糖尿病等。犬猫肥胖绝不是单纯的某一个因素引起的，它可能与很多因素都相关。某些容易肥胖的品种犬，如果主人不注意生活方式的管控，那么在容易发胖的年龄产生肥胖的概率是非常大的。所以，防微杜渐，科学管理，将是肥胖的有效管控手段。

6. 缺乏运动

城市化生活使犬猫住在高楼大厦里，很多犬猫主人也不喜欢外出运动，犬猫自然就跟着缺乏运动；很多犬猫主人工作繁忙，早出晚归，带犬猫运动的时间就少之又少；一些犬猫主人对犬猫过于娇惯，不舍得犬猫多走一步路，"出门抱着走，回家睡软床"。总之，主人间接造成了犬猫缺乏运动，进而造成了犬猫肥胖。

例如，现代人养犬，多是封闭式饲养，犬的活动量取决于犬主人的运动量。偶尔心血来潮带着犬出门溜达一圈，但是这个运动量是远远无法消耗犬多余脂肪的，特别是大型犬种。

三、如何判断犬猫已处于肥胖状态

1. 直观

特别胖的犬猫还是可以看得出来是否已经达到肥胖状态的，主要观察犬猫的腹部和体躯两侧，体态丰满，走路摇晃，反应迟钝，还特别不愿意活动的基本可以断定为肥胖症。

2. 数据

肥胖是指一定程度的明显超重与脂肪层过厚，是体内脂肪尤其是甘油三酯积聚过多而导致的一种状态。体重超过其标准体重10%以上视为超重，超过20%以上即为肥胖，超过30%以上称为肥胖症。肥胖是犬猫最常见的营养代谢性疾病，同时也是导致其他疾病的主要因素。

3. 感官

如果不清楚犬猫的国际标准体重，可以通过感受犬猫体型来判断是否达到肥胖症状。用手抚摸犬猫的肋骨，如果很明显可以摸到肋骨形状，就说明犬猫体型正常，只要注意预防就可以。如果没有明显层次感，只摸到肉，就说明犬猫已经处于肥胖状态，需要治疗。

四、科学饲养管理的要点

1. 控制食物质量

喂给低碳水化合物、低脂肪、高纤维、高蛋白食物。犬猫主人可选购犬猫减肥处方食品，既方便又科学。不要饲喂人类的残羹剩饭，这些食物往往脂肪和能量较高、盐分较高，长期饲喂容易引起犬猫肥胖和胃肠道疾病。

2. 减少采食量，限制饲喂

对一些过度肥胖的犬猫，要限制其采食量，只饲喂其正常食量的60%，每隔两周对犬猫称重，检查体重是否符合减少计划。如果限食后犬猫体重每周减少少于1%或超过3%，都应重新调整限饲比率。且当犬猫体重恢复正常后，应继续限制饲喂一段时间，巩固减肥成效，防止出现反弹。

3. 定时定量饲喂

每天固定时间供给犬猫相对恒定的食物数量，建立良好的饮食规律。少食多餐饲喂，也对减肥有帮助。所以，可以把一天的食物分3～4次喂给犬猫。正餐之外不要给犬猫提供任何的零食，零食绝对是肥胖犬猫科学饲养路上的拦路虎，必须予以抵制，否则任何的减肥计划都将前功尽弃。

4. 合理运动

增加运动量，加速热量消耗，减少脂肪合成。要制定运动计划，严格按照计划执行，每天保证犬猫有20～60分钟中等强度的运动时间。可以把犬猫带到户外运动，也可以在室内逗其游戏玩耍。但肥胖的老龄犬猫不能过度运动，否则会增加其心脏负担。

5. 加强管理

易胖品种、易发胖年龄、公犬猫去势、母犬猫绝育后都要加强管理，防止出现肥胖倾向。加强对可能引起犬猫肥胖的内分泌系统疾病的防治，特别要防范甲状腺功能减退、肾上腺皮质功能亢进、糖尿病、胰腺炎等疾病。

6. 药物治疗

对于严重肥胖的犬猫还可以进行药物治疗，如使用食欲抑制剂、催吐剂、淀粉酶阻断剂等消化吸收抑制剂，或者用甲状腺素和生长激素等药物来提高身体代谢率。具体的治疗方法最好找宠物医生，仔细听从医嘱进行治疗。

犬猫肥胖症对犬猫造成了很大的伤害，降低了犬猫的生活质量，缩短了犬猫寿命。犬猫的健康需要持之以恒做好犬猫的基础饲养管理，以期为犬猫的健康保驾护航。

第九章
犬猫喂养常见问题解答

一、犬猫粮中蛋白质含量多少更合适?

犬猫粮蛋白质分为动物源性和植物源性蛋白质。犬猫粮蛋白质的质量和消化率影响犬、猫对蛋白质的需求,蛋白质水平高,适口性更好,犬猫可能更爱吃。除此之外,犬猫的品种、年龄和生长阶段、体型大小以及犬猫的生理状态和活动量等,也会影响犬猫对蛋白质的需求。

猫的蛋白需要量很高,在幼龄动物中,幼犬对蛋白质的需求要高于幼猫,因为幼犬的生长速度要高于幼猫;但是成年阶段,成年猫对蛋白质的需求高于成年犬。

喂食蛋白质含量过低的食物会让猫无法维持自身的肌肉组织,维持正常生理机能,即使用增加碳水化合物及脂肪作为热量来源来代替猫粮中蛋白质也是不行的,还可能危害猫的生理健康。

目前我国宠物食品相关国标规定，成年犬粮中粗蛋白质最低为18%，幼犬粮为22%，成年猫最低粗蛋白质水平最低为25%，幼猫粮为28%。但有研究表明，生长期幼猫猫粮中蛋白供能的最佳水平为其代谢能的30%～36%，换算到猫粮中的蛋白质水平为34.3%～41.14%。然而，蛋白质水平并不是越高越好，过高的蛋白质（猫粮>45%，犬粮>35%）不能被完全消化吸收，有时会造成犬粪便异味、软便甚至腹泻，过多蛋白质代谢还会增加肾脏负担。

二、犬猫能吃谷物吗？

犬猫粮中常用的谷类有玉米、小麦、面粉、麦麸、大麦、大米、燕麦等。谷物在犬猫粮中主要提供碳水化合物，包括淀粉与纤维。而在野外猫的自然采食结构中，无论是捕猎动物或自主采食植物过程中，猫都会摄入碳水化合物，犬猫机体也需要碳水化合物。

谷物中的纤维是犬猫粮配方中的重要组成部分，它们的生理功能很重要，有利于维持肠道健康和粪便成形。猫粮中应该至少含有占干物质3%的纤维以保证粪便成形。另外，对肥胖猫来说，高纤维水平（占干物质的5%～25%）会减少猫粮的能量密度，增加饱腹感，帮助猫减轻体重。高水平的猫粮纤维也用于正常的成年猫，以保证在自由采食情况下维持正常体重。

成年犬每日需要的碳水化合物有75%由犬粮提供。碳水化合物不足时，犬就要动用体内贮备物质（糖原、体脂肪，甚至体蛋白）来维持机体代谢水平，从而出现体况消瘦，体重减轻，繁殖能力下降等现象。如果大量缺乏碳水化合物，会生长迟缓、发育缓慢、容易疲劳。

对猫而言，谷物中的淀粉被消化为葡萄糖，用于提供能量、合成身体储备物质。根据谷物来源和加工工艺处理方式，猫对谷物的消化率为40%～100%不等，研究发现，猫对干粮中熟化的淀粉消化率均>93%，因此认为猫能够有效消化利用谷物。一般而言，猫粮中碳水化合物占比在20%～40%，都是合理的。

总的来说，犬猫粮中的谷物能为犬猫提供重要的维持身体健康的营养元素，与其他营养物质一样，只要配方中谷物含量合适，对犬猫是有益无害的。

三、不同加工工艺的犬猫食品，哪种更好？

关于自制犬猫食品，如果犬猫自制粮中的钙含量过高或过低，可能会对犬猫的健康造成不利影响。同样，脂肪摄入管理不当也会导致健康问题，如胰腺问题。事实上，2013年由加州大学戴维斯分校的一组研究人员发现，许多自制食谱缺乏营养。研究人员分析了200种来自不同网站、兽医教科书以及宠物护理书籍的自制犬粮配方。结果显示，95%的食谱中至少缺少一种必需的营养元素，84%缺乏多种必需营养元素。

此外，配方不当或烹饪不足的犬猫食物可能被细菌污染，如大肠杆菌或沙门氏菌。

1. 生骨肉

生骨肉是指将动物生肉、骨头以及内脏混合绞碎后冷冻，不需要煮熟直接就可以给犬猫食用的肉类。生骨肉一般由几种肉内脏和骨骼混合，还需要添加必需的维生素、微量元素和矿物质，尽可能模拟最原始的食物形态，是一种比较仿生的猫喂养方式。这几年，随着养猫群体的增多，国内也有不少猫主人接纳了这种喂养方式。

（1）优点

生骨肉由于接近猫的肉食性特点，天然且没有过度的加工，保留了肉原有的新鲜度和营养成分，因此猫更容易接受。喂食生骨肉的猫，由于消化吸收率高，一般粪便量会减少。相对于膨化粮和烘焙粮，猫水分摄入量高。饲喂生骨肉的猫毛色有光泽。

（2）缺点

生骨肉通常没有杀菌过程，一般是放入冰箱冷冻或冷藏，但并不是无菌，而是温度过低使菌的活力变低，一旦温度恢复，常见的大肠杆菌和沙门氏菌等细菌就会繁殖。

细菌和寄生虫（包括寄生虫的孢子繁殖体等）通常都是耐温耐碱耐酸的，犬猫主人在选购生骨肉时，需确保产品来源安全可靠。

2. 膨化粮

膨化犬猫粮为多种原料经过粉碎、混合后进入挤压膨化机，经过高温高压生产出来的犬猫食品，是目前加工工艺最为成熟的犬猫食品。

（1）优点

① 适口性好：酥脆，气味香，具有比较好的口感以及清洁口腔牙齿的作用。

② 营养价值高：营养物质经过熟化和膨化，消化吸收率提高。

③ 安全卫生：高温高压过程，可杀灭各种有害菌。

④ 高性价比，易储存。

（2）缺点

① 需控制淀粉含量：犬猫消化淀粉的能力有限，不宜食用高淀粉食品。

② 部分营养物质易流失：膨化过程中会经历至少两次高温工艺，高温高压工艺对于温度敏感的营养物质影响及破坏较大，如B族维生素。

③ 含水量低：猫天生不爱喝水，排尿次数少，如果长期只给猫喂食膨化粮，会导致猫患泌尿疾病的概率增加。

因此，猫饮食中离不开湿粮的供应，包括罐头、妙鲜包、猫条等。

3. 冻干食品

（1）优点

①营养成分完整：冻干工艺是在低温、真空环境中完成的，营养受热变性小，有效地保持了新鲜食材的风味及营养物质。

②适口性好：新鲜蔬果经冻干后，由于含水量降低，香味、糖分被浓缩，吃起来更香甜可口。鲜肉脱水后的味道也更鲜美，改善了适口性。

③高复水性：真空冷冻干燥的犬猫食品具有干燥的海绵状多孔性结构，也因此具有理想的复水性。食用时只要加入适量水，即可在短时间内恢复还原为近乎新鲜的美味。

④储存运输便利：冻干犬猫食品的含水量低、重量轻，利于储存及运输，冻干犬猫食品一般采用真空包装，在常温下的贮存保质期可长达3～5年。与传统生食相比，省去了冷冻保存以及解冻的过程。

（2）缺点

冻干粮通常面临着细菌以及寄生虫的污染，大肠杆菌、李斯特菌和沙门菌是最常见的污染物。某些肉类也可能含有寄生虫和梭状芽孢杆菌。冻干确实有助于减少生食中的病原体数量，但许多病原体仍可以在冻干后存活，成为危害犬猫健康的潜在因素。

4. 烘焙粮

犬猫低温烘焙粮大多是将原料放入80～100℃的烤箱中，利用低温烘烤方式，让饲料缓慢熟成，烘焙成型后，颗粒松脆易消化、表层干燥不油腻、颗粒内无气室、表面不喷油、不喷调味剂，保持食材原生营养的犬猫全价粮。

（1）优点

相比于膨化粮，烘焙粮的优点在于没有高温高压膨化以及喷涂的过程，这样的低温烘焙工艺可以保护食物中的热敏感营养成分不受破坏，也可以更好地保护食物的风味。

（2）缺点

相比于膨化粮，低温烘焙粮存在灭菌及保质期问题。膨化粮经过挤压膨化高温过程能够杀死大部分的细菌，低温烘焙粮在低温处理下达不到杀灭细菌的效果，当受细菌污染时，易危害犬猫健康。

不同加工工艺的犬猫食品各有优缺点，无绝对好坏高下之分，相比较下，膨化粮安全性最高，性价比高及易储存，烘焙粮、冻干粮、生骨肉营养组成完整，能够保留原生风味，犬猫主人可根据自身经济及犬猫喜好选择适合的犬猫食品。

四、不同类型的肉类原料的营养价值比较

1. 各种肉类原料的定义

鲜肉：新鲜的可食用的动物肉。

肉粉：健康、新鲜的可食用动物经高温蒸煮、灭菌、脱脂、干燥、粉碎后获得，未添加骨、角、羽毛、皮革及消化道内容物。

肉骨粉：健康、新鲜的可食用动物及动物骨骼，经高温蒸煮、灭菌、脱脂、干燥、粉碎后获得，不得添加蹄、角、羽毛、皮革及消化道内容物。

2. 肉粉、肉骨粉和鲜肉粮哪种更好？

从适口性、营养组成来看，纯肉粉制作的犬猫粮比肉骨粉更好，品质更优。鲜肉粮由于添加了新鲜肉类，保留了肉的原始风味和营养物质，因此被消费者广泛接受。

3. 营养价值比较

① 从营养质量的角度来讲，鲜肉粮优于肉粉粮。鲜肉粮加工程序最少，肉食的营养价值和活性能够得到最大限度的保留。肉粉粮加工程序较多，肉食的营养相对更易流失和遭到破坏。

② 从营养物质含量的角度来看，肉粉粮优于鲜肉粮。比如蛋白质，肉粉粮的蛋白质比例能够很高。

③ 肉粉粮在生产过程中原料之间会发生化学反应，可

能会产生抗营养因子。

五、犬猫发生胃肠道不适（疾病），跟犬猫粮有关吗？应怎么解决？

因食物造成犬猫胃肠道不适（疾病）的原因主要有更换犬猫粮、营养搭配不均衡等。针对此类情况有不同的解决措施用以减轻或避免胃肠道不适（疾病）。

1. 以不恰当方式更换犬猫粮

以不恰当方式更换犬猫粮是目前导致犬猫产生胃肠道疾病的主要原因之一，可导致犬猫发生应激反应，从而引发疾病。食物应激会导致犬猫出现应激反应，如食欲下降、采食量下降、安静喜卧，较严重时还可能出现严重胃肠反应（呕吐、腹泻、厌食、异食等）。更换犬猫粮引起的胃肠道反应更常见于猫，在犬中较少见。

解决方法：当更换犬猫粮种类时，应遵循七日换粮法，逐步更换为新粮。益生菌可帮助犬猫维持肠道内环境稳定，更好地度过换粮期，减少应激反应。有研究显示，提高猫粮中的蛋白质、脂肪、维生素E、维生素C和精氨酸含量能够改善猫应激状态下的采食量，并能满足其正常需要。应注意尽量在犬猫处于健康状态时更换犬猫粮，防止应激反应诱发更严重疾病。

2. 营养搭配不均衡

随着人们生活水平的提升，犬猫的食物种类也越来越丰富，如犬猫零食、生骨肉、猫饭、猫条等，但这些食物并不具备均衡的营养成分，很大程度上导致了犬猫因营养搭配不均衡而引发的胃肠道反应及疾病的发生。犬猫可能无法摄入足量的蛋白质，或者大量摄入蛋白质却无法满足其他营养物质的摄入，或者某些营养物质摄入过多而某些营养物质摄入过少。这些情况都会导致疾病的发生，如幼龄犬猫的钙、磷和维生素D缺乏会导致佝偻病的发生，但当维生素D过多时又会导致血钙升高，软组织钙化，呕吐腹泻等不良反应的发生，可见营养均衡对犬猫健康十分重要。

解决方法：给犬猫提供营养均衡的全价犬猫粮，在犬猫不同生长阶段可以提供其他营养物质的额外补充，但均要以全价犬猫粮为主，减少零食饲喂。在疾病状态下，应咨询宠物医生后，按照宠物医生建议提供给犬猫食物，不应盲目过量补充。

3. 蛋白质种类及含量

犬猫粮中的蛋白质含量变化是引发犬猫胃肠道反应的原因之一，犬猫粮中的蛋白质是必需成分，一般成年犬粮中蛋白质含量为18%～22%，幼犬粮中蛋白质含量为22%～28%。猫对蛋白质的需求量更高，幼猫不低于28%，成年猫不低于25%。过高或过低的蛋白质含量均会引发胃肠道不适（疾病）。研究发现，当给猫喂食过高蛋白含量的食物时，大量未消化的蛋白质会产生有害的毒素，刺激肠道，导致腹泻等不良反应的发生。除此之外，蛋白质来源不同，如植物来源或动物来源，也会影响犬猫机体对蛋白质的吸收及利用，低质量难消化的蛋白质制作的犬猫粮会导致犬猫的腹泻。

解决方法：按照建议的犬猫粮中蛋白质含量进行科学饲喂，不盲目追求超高蛋白质含量。

六、成年猫如何维持理想体态？

猫要想拥有理想体型，需要身体有充足的肌肉量和适当的脂肪厚度。维持猫理想体型的营养摄入或是维持猫合适的体况评分，需要我们严格按照科学的方法进行喂养，保证猫粮的营养均衡；其次，对体型产生最关键影响的营养物质有蛋白质、氨基酸、脂肪，在喂养时，应当注意各类食物配比，防止营养不良或营养过剩的发生。

1. 蛋白质

蛋白质摄入量与肌肉含量息息相关，一般情况下，成年猫每天每公斤体重摄入2.7克蛋白质，即可满足机体维持需要，高蛋白含量猫粮则有利于维持理想体重。一项高蛋白含量猫粮喂给非肥胖绝育猫的研究发现，高蛋白猫粮（528克/千克粮）与中等蛋白猫粮（297克/千克粮）相比，前者能够促进猫机体肌肉组织量的增加，高蛋白猫粮可能有利于预防或治疗猫肥胖问题。市面上猫粮蛋白质含量可能是推荐量的1.5~2倍，健康猫可食用，但患有肝肾疾病的猫注意控制其蛋白摄入量。

2. 氨基酸

猫维持理想体型要求各类氨基酸的摄入合理均衡。猫共有11种必需氨基酸，需依靠猫粮进行补充，如精氨酸、赖氨酸等。必需氨基酸的缺乏和过量都会引发严重疾病。猫对不含精氨酸的食物都很敏感，在饮食中缺乏精氨酸的情况下，氨不能通过尿素循环进行有效代谢，可能导致猫氨中毒死亡。狗对不含精氨酸的饮食不太敏感，至少可以部分使用另一种氨基酸——鸟氨酸来完成尿素循环。

3. 脂肪

脂肪是猫粮的重要组成部分，成年猫要维持健康状态，猫粮配方中最低脂肪含量应为9%。若想让猫维持在理想体态（体态评分为5，体脂肪含量为25%），那么脂肪在猫粮配方中的含量需为13%~22%，过多的脂肪可能会导致肥胖或其他疾病的发生。

七、犬猫食品中膳食纤维的重要性

犬和猫不能直接消化膳食纤维，但肠道菌群中的一些微生物可以将这些纤维分解，产生短链脂肪酸（SCFAs）和其他终产物，是犬猫胃肠道上皮细胞重要的能量来源。犬猫食品常见膳食纤维包括西红柿渣、柑橘渣、葡萄渣、甜菜渣、粉状纤维素、豌豆纤维、大豆壳和花生壳，而玉米、大米、小麦、燕麦、大麦和蔬菜都含有可消化的碳水化合物，也能提供少量膳食纤维，另外，由谷物来提供蛋白质的犬猫食品中也可加入不同量的膳食纤维。

　　膳食纤维的用途很多。缓解犬猫便秘问题：膳食纤维在维持肠道菌群平衡、促进肠道动力、保护肠道黏膜屏障等方面均有积极作用，摄入一定量的膳食纤维有助于改善粪便状态、增加排便次数，从而缓解便秘；改善肥胖问题：肥胖已经越来越常见，其带来的各类疾病如脂肪肝、心脏问题等都已经成为临床不容忽视的问题，补充适当的补充膳食纤维可以增加饱腹感，适当地减少食物摄入，还能够增加食物消化率，降低血糖浓度，另外，高膳食纤维犬猫食品也可辅助治疗结肠炎及糖尿病；调节肠道菌群：富含可溶性膳食纤维（菊粉、果胶、低聚果糖）的饮食导致小鼠肠道微生物的物种丰富度和α-多样性明显降低，其中的梭菌（包括纤维发酵细菌）、变形杆菌和蛋白杆菌的数量过度增多。此外，可溶性膳食纤维（果胶）可以调节肥胖大鼠肠道菌群，拟杆菌门显著提高，厚壁菌门明显减少，进一步的研究证明果胶还可以改善肠屏障、代谢性内毒素血症等因肥胖引起的代谢性疾病。

八、犬猫食品中抗氧化剂是否安全？

膨化犬猫粮一般经过原料筛选、称量、混合、膨化、冷却和喷涂加工而成。在喷涂过程中，厂家会把油脂、风味剂和一些脂溶性维生素的混合物喷涂在犬猫粮表面，增加犬猫粮的适口性，同时补充必需的营养物质。但是油脂，尤其是不饱和脂肪酸，在空气中极易被氧化，产生令人不愉快的哈喇味，不仅使食物适口性下降，一些氧化产物更是已被确定对动物具有毒性。

防止油脂氧化的最佳方式便是添加抗氧化剂，常见的抗氧化剂可分为人工合成抗氧化剂和天然抗氧化剂。在犬猫粮中使用的人工合成抗氧化剂主要有叔丁基对羟基茴香醚（BHA）、2,6-二叔丁基-4-甲基苯酚（BHT）、没食子酸丙酯（PG）等，天然抗氧化剂主要有维生素E（有天然提取工艺和合成产品，目前市场上合成维生素E占80%以上，饲料中比例更高）、迷迭香提取物、茶多酚等。这些经过农业农村部认可的添加剂都经过严格的毒理试验，正常添加时一般不会对犬猫造成有害影响。有传闻BHA/BHT对犬猫健康不利，但尚无充分证据，一些国际著名犬猫粮生产厂商也在使用，因此不用过度担忧。

九、为何要选择消化率高的犬猫食品？

易消化食物进食后可以很快被犬猫消化，其中的营养物质可以更好地被胃肠道吸收，对犬猫的肠胃负担较小，对于消化能力弱的犬猫非常友好，更能维护肠道健康，减少软便、腹泻、粪便量、便臭，在为犬猫选择食物时，更建议给犬猫喂食易消化的犬猫粮。猫为肉食动物，在喂食肉类时应注意肉类的消化率分级，因肉类含有丰富的蛋白质、脂肪等，其所需的消化时间较长，在所有的肉类中，鱼虾类所需消化时间最短，其次是禽肉类（鸡肉、鸭肉）。

对于犬猫而言，食物（尤其是全价犬猫粮）的易消化程度主要由食品制作工艺决定。比如与干粮相比，罐头湿粮更易于犬猫消化。干粮的形状及加工工艺也会影响其消化率。

十、给犬猫主人的犬猫主粮挑选建议

1. 犬猫年龄、体型、品种、生理状态、活动强度和健康状况等各不相同，可根据犬猫实际需求，选择有相应功效配方的主粮，如美毛、体重控制、免疫强化、肠道健康等，以针对性地满足不同个体的特殊营养需求。

2. 适宜的蛋白质含量，能满足良好体态和生长需求，可选择略高于推荐水平的犬猫粮，且优先选择蛋白质消化率较高的，既能保障犬猫的理想营养状态，又能减少软便、腹泻及便臭现象，改善犬猫的肠道健康，目前一些高端犬猫粮的蛋白质消化率已能达到90%以上，更能呵护犬猫敏感的肠道。

3. 添加能促进消化吸收的营养物质，如活性益生菌、益生元等，能帮助犬猫更好地利用食物中的营养物质，维持肠道与全身健康，同时提升免疫机能。

4. 选择合法合规有资质生产企业生产的商品，同时替犬猫选择优质犬猫粮：看外观（表面粗糙不光滑，颜色偏深呈褐色）、闻气味（淡淡的自然油脂和肉的香味，无强烈刺鼻气味和浓烈香味）、摸质地（硬度适中，掰开不吃力，内部结构呈均匀蜂窝状）、看油脂（无哈喇味、酸败味，放于纸上油脂自由扩散且有自然油香）、尝口感（不会太咸，能尝到肉香，无煳味或苦味）、用水泡（不易泡散，但半小时后会变软）；犬猫食用后观察其粪便，犬猫排便过程应该是轻松的（如果能观察到），排出的粪便成形，软硬适中，不紧实坚硬也不软稀，捡拾时可轻松捡起且不粘连地面，食用优质犬猫食品产生的粪便，颜色较深，粪便量少且无恶臭。

十一、犬猫不能吃的人类食物

1. 巧克力和可可

不能给犬吃巧克力，巧克力中的可可碱在犬体内的代谢消除速度非常慢，容易中毒。临床症状包括呕吐、腹泻、激越、肌肉震颤、肌肉虚弱、心律失常、抽搐，严重时会导致犬肾损伤、昏迷甚至死亡。还未见猫吃巧克力中毒的相关报道。

2. 葡萄和葡萄干

虽然葡萄和葡萄干导致犬猫中毒的原因和有毒物质尚未被发现，但犬葡萄或葡萄干中毒通常会引起肠胃不适、呕吐、厌食、嗜睡和腹泻，还可能引发急性肾衰（ARF），导致血液尿素和血清肌酐大幅增加，组织病理学病变称之为弥漫性肾小管变性，会使犬最终无法排尿，愈后很差，通常会为患犬实施安乐死。然而，必须指出，一些犬在吃了葡萄或葡萄干后，并没有发生肾衰病症。猫的易感性未知。

3. 洋葱和大蒜

犬对洋葱非常敏感，已有报道犬猫吃洋葱或含洋葱的食物后发生再生性贫血伴明显亨氏体形成。5~10克/公斤体重的洋葱即可能导致犬中毒，临床症状包括黏膜苍白、心动过速、呼吸急促、嗜睡和虚弱，更严重的症状为黄疸和肾衰竭。虽然洋葱中毒在犬上常见，但猫对洋葱和大蒜中毒更敏感，因为猫特定的血红蛋白结构使其氧化应激反应更强烈。

参考文献

陈志敏，王金全，常文环，2014. 宠物犬营养需要研究进展[J]. 饲料工业，35（17）：71-75.

陈志敏，王金全，高秀华，2012. 宠物猫营养生理研究进展[J]. 饲料工业，33（17）：52-56.

丁丽敏，夏兆飞，2017. 犬猫营养需要 [M]. 北京：中国农业大学出版社.

黄赛，2018. 冻干宠物食品漫谈[J]. 中国工作犬业（9）：68-70.

姜西迪，阮崇美，刘灿，等，2021. 去势术对雄性犬脂代谢的影响[J]. 安徽科技学院学报，35（5）：30-33.

美国学术委员会下属国家研究委员会，2010. 犬猫营养需要[M]. 北京：中国农业大学出版社.

王朝好，孙皓然，刘晓，等，2020. 不同猫粮对猫应激刺激后生理指标和血液指标的影响[J]. 动物营养学报，32（11）：5458-5471.

王继强，龙强，李爱琴，等，2010. 肉粉和肉骨粉的营养特点和质量控制[J]. 广东饲料，19（7）：35-36.

王金全，2018. 宠物营养与食品[M]. 北京：中国农业科学技术出版社.

王随元，于炎湖，方军，2006. 饲料工业标准汇编（2002—2006）[M]. 北京：中国标准出版社.

赵鹏，王金全，2020. 挤压膨化宠物食品生产质量控制关键要素研究进展[J]. 饲料工业，41（21）：61-64.

AKHTAR J，KHAN M，2015. Extruded pet food development from meat byproducts using extrusion processing and its quality evaluation[J]. Food Processing & Technology，7：1.

ALEXANDER L G，SALT C，THOMAS G，et al.，2011. Effects of neutering on food intake，body weight and body composition in growing female kittens[J]. British Journal of Nutrition，106（S1）：19-23.

ANDERSON K L，O'NEILL D G，BRODBELT D C，et al.，2018. Prevalence，duration and risk factors for appendicular osteoarthritis in a UK dog population under primary veterinary care[J]. Scientific Reports，8：5641.

ASAN-OZUSAGLAM M，GUNYAKTI A，2019. Lactobacillus fermentum strains from human breast milk with probiotic properties and cholesterol-lowering effects[J]. Food Science Biotechnology，28：501-509.

BAFFONI L，2018. Probiotics and Prebiotics in Animal

Health and Food Safety[M]. Bologea，Italy：Springer.

BAILLON M L，BUTTERWICK R F，2013. The efficacy of a probiotic strain，*Lactobacillus acidophilus* DSM13241，in the recovery of cats from clinical campylobacter infection[J]. Journal of Veterinary Internal Medicine，17：416-419.

BARRA N G，ANHÊ F F，CAVALLARI J F，et al.，2021. Micronutrients impact the gut microbiota and blood glucose[J]. Journal of Endocrinology，250（2）：1-21.

BEBIAK D M，LAWLER D F，REUTZEL L F，1987. Nutrition and management of the dog[J]. Veterinary Clinics of North America-Small Animal Practice，17：505-533.

BECKER M E，PEDERSON C，1950. The physiological characters of bacillus Coagulans[J]. Journal of Bacteriology，59（6）：717-725.

BEISEL W R，1996. Nutrition and immnue function：overview[J]. Journal of Nutrition，126：2611-2615.

BERMINGHAM E N，YOUNG W，BUTOWSKI C F，et al.，2018. The fecal microbiota in the domestic cat（Felis catus）is influenced by interactions between age and diet：a five year longitudinal study[J]. Frontiers in Micrbiology，9：1231.

BURKHOLDER W, TOLL P, 2000. Obesity Small Animal Clinical Nutrition[M]. Topeka, Kansas: Mark Morris Institute.

BYBEE S N, SCORZA A V, LAPPIN M R, 2011. Effect of the probiotic enterococcus faecium SF68 on presence of diarrhea in cats and dogs housed in an animal shelter[J]. Journal of Veterinary Internal Medicine, 25: 856-860.

CASE L P, DARISTOTLE L, HAYEK M G, et al, 2011. Canine and Feline Nutritio[M]. 3rd ed. Mosby, USA: Elsevier.

CHEFTEL J C, 1986. Nutritional effects of extrusion-cooking[J]. Food Chemistry, 20（4）: 263-283.

CHILD R, 2019. Bone & joint health advances: new deliveries[J]. The World of Food Ingredients, 2: 63-64.

DE VRIES M, VAUGHAN E E, KLEEREBEZEM M, et al., 2006. *Lactobacillus plantarum*—survival, functional and potential probiotic properties in the human intestinal tract[J]. International Dairy Jounal, 16（9）: 1018-1028.

DI CERBOA A, MORALES-MEDINAB J C, PALMIERIC B, et al., 2017. Functional foods in pet nutrition: focus on dogs and cats[J]. Research in Veterinary Science, 112: 161-166.

FELIX A P, NETTO M V T, MURAKAMI F Y, et al., 2010. Digestibility and Fecal Characteristics of dogs fed with "*Bacillus subtilis*" in diet[J]. Ciencia Rural, 40: 2169-2173.

FETTMAN M J, STANTON C A, BANKS L L, et al., 1997. Effects of neutering on bodyweight, metabolic rate and glucose tolerance of domestic cats [J]. Research in Veterinary Science, 62: 131-136.

GERMAN A J, HOLDEN S L, BISSOT T, et al., 2010. A high protein high fibre diet improves weight loss in obese dogs [J]. Veterinary Journal, 183 (3): 294-297.

GODFREY H, RANKOVIC A, GRANT C E, et al., 2022. Dietary choline in gonadectomized kittens improved food intake and body composition but not satiety, serum lipids, or energy expenditure[J]. PLoS One, 17 (3): e0264321.

GRZESKOWIAK L, ENDO A, BEASLEY S, et al., 2015. Microbiota and probiotics in canine and feline welfare[J]. Anaerobe, 34: 14-23.

HANG I, HEILMANN R M, GRUTZNER N, et al., 2013. Impact of diets with a high content of greaves-meal protein or carbohydrates on faecal characteristics, volatile fatty acids and faecal calprotectin concentrations in healthy dogs[J]. BMC Veterinary Research, 9: 201.

HANNAH S S, LAFLAMME D P, 1996. Effect of dietary protein on nitrogen balance and lean body mass in cats[J]. Veterinary Clinical Nutrition, 3: 30.

HERSTAD H K, NESHEIM B B, L'ABÉE-LUND T, et al., 2010. Effects of a probiotic intervention in acute canine gastroenteritis—a controlled clinical trial[J]. Journal of Small Animal Practice, 51 (1): 34–38.

HOSKINS J D, 1990. Veterinary Pediatrics : Dogs and Cats From Birth to Six Months[M]. Philadelphia, PA, USA: Saunders.

JOHNSTON S A, 1997. Osteoarthritis-joint anatomy, physiology, and pathobiology[J]. Veterinary Clinics of North America-Small Animal Practice, 27: 699–723.

JONES R M, 2017. The use of *Lactobacillus casei* and *Lactobacillus paracasei* in clinical trials for the improvement of human health[J]. The Microbiota in Gastrointestinal Pathophysiology, 14: 99–108.

KANCHUK M L, BACKUS R C, CALVERT C C, et al., 2002. Neutering induceschanges in food intake, body weight, plasma insulin and leptin concentrations in normal and lipoprotein lipase-deficient male cats[J]. The Journal of

Nutrition，132（6）：1730-1732.

KELLEY R L，LEPINE A J，RUFFING J，et al.，2004. Impact of maternal dietary DHA and reproductive activity on DHA status in the canine[C]// Proc 6th Cong Internat Soc Study Fatty Acids Lipids，149.

LEE H S，KIM J H，OH H J，et al.，2021. Effects of interval exercise training on serum biochemistry and bone mineral density in dogs[J]. Animals（Basel），11（9）：2528.

LENOX C E，BAUER J E，2013. Potential adverse effects of omega-3 fatty acids in dogs and cats[J]. Journal of Veterinary Internal Medicine，27（2）：217-226.

LEPINE A J，2001. Nutrition of the neonatal puppy[C]// Proc Canine Reprod for Breeders Symposium at Westminster Kennel Club Dog Show，26-30.

LUBIS A M T，SIAGIAN C，WONGGOKUSUMA E，et al.，2017. Comparison of glucosamine-chondroitin sulfate with and without methylsulfonylmethane in grade I-II knee osteoarthritis：a double blind randomized controlled trial[J]. Acta Medica Indonesiana - Indonesian Journal of Internal Medicine，49（2）：105-111.

MARSHALL-JONES Z V，BAILLON M L，CROFT J

M, et al., 2006. Effects of *Lactobacillus acidophilus* DSM13241 as a probiotic in healthy adult cats[J]. American Journal of Veterinary Research, 67（6）: 1005-1012.

MCCARTHY G, O'DONOVAN J, JONES B, et al., 2007. Randomised double-blind, positive-controlled trial to assess the effiffifficacy of glucosamine/ chondroitin sulfate for the treatment of dogs with osteoarthritis[J]. The Veterinary Journal, 174: 54-61.

MESSONNIER S, 2012. Nutritional Supplements for the Veterinary Practice[M]. 1st ed. Lakewood, Colorado: American Animal Hospital Association Press.

MILES E A, CALDER P C, 1998. Modulation of immune function by dietary fatty acids[J]. Proceeding of the Nutrition Society, 57（2）: 277-292.

MOREAU M, BONNEAU N, DESENOYERS M, 2003. Clinical evaluation of a nutraceutical, carprofen and meloxicam for the treatment of dogs with osteoarthritis[J]. Veterinary Record, 152: 323-329.

NATIONAL RESEARCH COUNCIL, 2006. Nutrient Requirements of Dogs and Cats[M]. Washington DC: The National Academies Press.

NGUYEN P, LERRAY V, DUMON H, et al., 2004.

High protein intake affects lean body mass but not energy expenditure in non-obese neutered cats[J]. The Journal of Nutrition, 134: 2084-2086.

NORAT T, RIBOLI E, 2001. Meat consumption and colorectal cancer: a review of epidemiologic evidence[J]. Nutrition Reviews, 59（2）: 37-47.

PATEL K R, CHAHWALA F D, YADAV U C S, 2018. Flavnoids as functional food[J]. Functional Food and Human Health, 7: 83-106.

PHUNGVIWATNIKUL T, VALENTINE H, DE GODOY M R, et al., 2020. Effects of diet on body weight, body composition, metabolic status, and physical activity levels of adult female dogs after spay surgery [J]. Journal of Animal Science, 98（3）: skaa057.

QIU H, CHENG G, XU J, et al., 2010. Effects of asragalus polysaccharides on associated Immune cells and cytokines in immnunosuppressive dogs[J]. Proceda in Vaccinology, 2（1）: 26-33.

ROMERO L M, PLATTS S H, SCHOECH S J, et al., 2015. Understanding stress in the healthy animal-potential paths for progress[J]. Stress, 18（5）: 491-497.

SALAY K, GATHERS K, MCCLISH L, et al., 2010.

Osteoarthritis: natural supplements for joint health[J]. Pharmacy and Wellness Review, 1（2）: 9.

SALMERI K R, BLOOMBERG M S, SCRUGGS S L, et al., 1991. Gonadectomy in immature dogs: effects on skeletal, physical, and behavioral development [J]. Journal of American Veterinary Medicine Association, 198（7）: 1193-1203.

SHARON A C, WARNER K L, RANDOLPH J F, et al., 2012. Influence of dietary supplementation with（L）-carnitine on metabolic rate, fatty acid oxidation, body condition, and weight loss in overweight cats[J]. American Journal of Veterinary Research, 73（7）: 1002-1015.

TAŞKESEN A, ATAOĞLU B, ÖZER M, et al., 2015. Glucosamine-chondroitin sulphate accelerates tendon-to-bone healing in rabbits[J]. Joint Diseases & Related Surgery, 26（2）: 77-83.

TZORTZIS G, JAY A J, BAILLON M L, et al., 2003. Synthesis of α-galactooligosaccharides with α-galactosidase from *Lactobacillus reuteri* of canine origin[J]. Appllied Microbiology Biotechnology, 63（3）: 286-292.

VALCHEVA R, DIELEMAN L, 2016. Prebiotics: difinition and protective mechanisms[J]. Best Practice & Research

Clinical Gastroenterology，30：27-37.

YANG Q，LIANG Q，BALAKRISHNAN B，et al.，2020. Role of dietary nutrients in the modulation of gut microbiota：a narrative review[J]. Nutrients，12（2）：381.